普通高等教育新工科人才培养规划教材（大数据专业）

Python 程序设计教程

主　编　李治国　武春岭

副主编　唐乾林　梁雪梅　鲁先志　周璐璐　赵　怡

·北京·

内 容 提 要

目前已经出版的 Python 相关教材大多以 Python 2.0 为平台编写，具有一定的局限性。其程序代码已经无法直接在最新的 Python 平台上运行，不能很好地满足读者对 Python 语言的学习需求。本书以 Python 3.0 为基础编写，融入了最新的 Python 语言和编程特点。本书一共 11 章，从基本语法入手，涵盖了 Python 语言中的常见序列结构、常见语句、函数文件、类和继承、多线程编程、图形界面设计、数据库应用、网络应用和 Web 应用等内容。本书采用案例引导的方式，每个章节精心编排了大量的案例程序，生动形象地向学生展示了知识结构和项目应用。书中的所有程序都经过调试运行，保证了案例程序的正确性。

本书具有清晰易懂、案例丰富、实战性强的特点，适合本科和高职高专学生作为学习教程，同时也可以作为 Python 编程爱好者和程序员的学习和参考资料。

图书在版编目（CIP）数据

Python程序设计教程 / 李治国，武春岭主编. -- 北京：中国水利水电出版社，2018.7
普通高等教育新工科人才培养规划教材. 大数据专业
ISBN 978-7-5170-6588-3

Ⅰ. ①P… Ⅱ. ①李… ②武… Ⅲ. ①软件工具－程序设计－高等学校－教材 Ⅳ. ①TP311.561

中国版本图书馆CIP数据核字(2018)第138025号

策划编辑：寇文杰　　责任编辑：张玉玲　　加工编辑：张青月　　封面设计：李 佳

书　　名	普通高等教育新工科人才培养规划教材（大数据专业） Python 程序设计教程 Python CHENGXU SHEJI JIAOCHENG
作　　者	主　编　李治国　武春岭 副主编　唐乾林　梁雪梅　鲁先志　周璐璐　赵　怡
出版发行	中国水利水电出版社 （北京市海淀区玉渊潭南路1号D座　100038） 网址：www.waterpub.com.cn E-mail：mchannel@263.net（万水） 　　　　sales@waterpub.com.cn 电话：（010）68367658（营销中心）、82562819（万水）
经　　售	全国各地新华书店和相关出版物销售网点
排　　版	北京万水电子信息有限公司
印　　刷	三河市鑫金马印装有限公司
规　　格	184mm×260mm　16开本　12印张　295千字
版　　次	2018年7月第1版　2018年7月第1次印刷
印　　数	0001—3000 册
定　　价	34.00元

凡购买我社图书，如有缺页、倒页、脱页的，本社营销中心负责调换
版权所有·侵权必究

前　　言

　　Python 语言是一种计算机编程语言,作用类似于 C/C++/Java/Perl/VB/Delphi 等计算机编程语言,具有非常清晰易读的语法特点,是一种面向对象的高级语言,并且可以进行扩展。Python 语言用途非常广泛,支持 Java 和.Net 技术,可以运行在 Windows、Linux、FreeBSD、Solaris 等几乎所有的操作系统上,也可以运行在手机中。目前在国际上非常流行,正在得到越来越多的重视。

　　Python 语言使用方便,不需要进行复杂的编译,可以进行各种软件的开发,比如:制作网站、开发图形界面(GUI)程序、网络编程、数据库编程、图形图像处理、科学计算、手机编程、游戏编程等。

　　本书基于 Python 3.0 版本编写。Python 3.0 是目前 Python 的较新版本,相比之前的版本在部分语法上更加精炼合理,并且得到更多第三方软件的支持,拥有更加广阔的资源。由于 Python 3.0 版本在设计时没有考虑向下兼容,因此许多早期 Python 版本设计的程序都无法在 Python 3.0 上正常执行。本教程中的所有案例均需要在 Python 3.0 环境下运行和调试。

　　本教程一共 11 章,从基本语法入手,循序渐进,从理论延伸到实践,将读者逐步引入到 Python 程序设计的精彩世界中。第 1 章介绍了 Python 语言的特点,该语言的编译器及开发环境的安装方法以及在编程过程中的程序调试环境。第 2 章主要讲解 Python 语言的变量类型和常用语句。第 3 章阐述了字符串、列表、元组、集合、字典等五种数据结构和应用。第 4 章介绍函数的概念、函数的定义方法以及如何调用函数。第 5 章介绍利用 Python 语言中的输入和输出功能、读取和写入的方法,以及文件内建函数、方法、属性及文件系统等内容。第 6 章讲解 Python 语言的面向对象编程。第 7 章介绍基于 Tkinter 模块的图形界面编程。第 8 章阐述线程创建、线程同步和线程优先级等内容。第 9 章基于 SQLite 数据库和 MySQL 数据库,详细介绍数据库的创建、查询和修改等内容。第 10 章讲解网络中最常用的套接字和邮件服务等网络编程和应用。第 11 章讲述 Web 开发,介绍与 Python Web 开发技术相关的 WSGI 框架和模板的使用。

　　全书由重庆电子工程职业学院的李治国、武春岭任主编,唐乾林、梁雪梅、鲁先志、周璐璐、赵怡为副主编。中国水利水电出版社的寇文杰编辑对本书的出版给予了大力支持。在此,谨向为本书出版付出辛勤劳动的同志表示感谢。

　　由于编者水平有限,书中不足之处和错误在所难免,恳请广大读者批评指正,我们将在再版时及时改进。编者的 E-mail：578774623@qq.com。

编　者

2018 年 4 月

目 录

前言

第1章 Python 概述 ·· 1
  1.1 Python 语言概述 ·· 1
    1.1.1 什么是 Python 语言 ································ 1
    1.1.2 Python 语言特点 ·································· 2
  1.2 Python 开发环境的安装与配置 ······························· 2
    1.2.1 Python 安装 ······································ 3
    1.2.2 环境变量配置 ····································· 3
  1.3 IDLE 编程环境 ··· 4
    1.3.1 通过交互模式进行编程 ······························· 5
    1.3.2 通过脚本模式进行编程 ······························· 5
    1.3.3 使用 IDLE 的调试器 ································ 6
  1.4 PyCharm 编程环境 ······································ 7
  习题 ··· 10

第2章 Python 程序设计基础 ···································· 12
  2.1 Python 基本语法 ······································· 12
    2.1.1 标识符 ·· 12
    2.1.2 程序注释 ······································ 12
    2.1.3 代码块和组 ····································· 13
    2.1.4 基本输出语句 ··································· 14
  2.2 变量和数字类型 ·· 14
    2.2.1 变量 ·· 14
    2.2.2 数据类型 ······································ 15
    2.2.3 数字类型转换 ··································· 15
  2.3 使用解释器 ··· 16
    2.3.1 交互式编程 ····································· 16
    2.3.2 脚本式编程 ····································· 16
  2.4 运算符和优先级 ·· 17
    2.4.1 运算符 ·· 17
    2.4.2 优先级 ·· 21
  2.5 条件控制语句 ··· 21
    2.5.1 if 语句 ·· 22
    2.5.2 if 嵌套 ·· 23
  2.6 循环语句 ·· 24

    2.6.1 while 语句 ····································· 24
    2.6.2 for 语句 ······································· 26
    2.6.3 break 和 continue 语句 ···························· 28
  2.7 迭代器和生成器 ·· 31
    2.7.1 迭代器 ·· 31
    2.7.2 生成器 ·· 32
  习题 ··· 32

第3章 序列数据结构 ··· 34
  3.1 字符串 ·· 34
    3.1.1 字符串查询 ····································· 34
    3.1.2 字符串更新 ····································· 35
    3.1.3 转义字符 ······································ 35
    3.1.4 字符串运算符 ··································· 36
    3.1.5 字符串格式化 ··································· 38
  3.2 列表 ··· 38
    3.2.1 列表赋值 ······································ 39
    3.2.2 列表查询 ······································ 39
    3.2.3 列表更新 ······································ 39
    3.2.4 列表元素删除 ··································· 40
    3.2.5 列表操作符 ····································· 41
    3.2.6 列表嵌套 ······································ 42
  3.3 元组 ··· 42
    3.3.1 元组查询 ······································ 43
    3.3.2 元组修改 ······································ 43
    3.3.3 删除元组 ······································ 43
    3.3.4 元组运算符 ····································· 44
  3.4 集合 ··· 45
    3.4.1 集合创建 ······································ 45
    3.4.2 集合运算 ······································ 45
  3.5 字典 ··· 46
    3.5.1 字典查询 ······································ 47
    3.5.2 字典修改 ······································ 48
    3.5.3 字典元素删除 ··································· 48

3.5.4　字典的特性 ································· 48
　习题 ··· 49
第4章　函数和模块 ··································· 51
　4.1　函数 ··· 51
　　4.1.1　函数定义 ································· 51
　　4.1.2　函数调用 ································· 52
　4.2　参数传递 ····································· 54
　　4.2.1　参数传递对象 ····························· 54
　　4.2.2　参数传递类型 ····························· 55
　4.3　匿名函数 ····································· 58
　4.4　返回值 ······································· 58
　4.5　变量作用域 ··································· 59
　　4.5.1　作用域的范围 ····························· 59
　　4.5.2　全局变量和局部变量 ······················· 59
　　4.5.3　global 和 nonlocal 关键字 ················ 60
　4.6　模块 ··· 61
　　4.6.1　模块定义 ································· 61
　　4.6.2　模块导入 ································· 62
　4.7　标准模块 ····································· 63
　4.8　时间模块 ····································· 63
　　4.8.1　时间戳 ··································· 63
　　4.8.2　获取当前时间 ····························· 64
　　4.8.3　获取格式化时间 ··························· 64
　　4.8.4　格式化日期 ······························· 64
　　4.8.5　获取某月日历 ····························· 66
　习题 ··· 66
第5章　输入输出和文件 ······························· 68
　5.1　输入输出 ····································· 68
　　5.1.1　输出格式 ································· 68
　　5.1.2　键盘输入 ································· 70
　5.2　文件操作 ····································· 70
　　5.2.1　open()函数 ······························· 70
　　5.2.2　close()函数 ····························· 71
　　5.2.3　文件对象属性 ····························· 72
　5.3　文件对象操作 ································· 73
　　5.3.1　read()函数 ······························· 73
　　5.3.2　write()函数 ····························· 73
　　5.3.3　readline()函数 ··························· 74
　　5.3.4　next()函数 ······························· 74

　　5.3.5　seek()函数 ······························· 75
　　5.3.6　tell()函数 ······························· 76
　习题 ··· 77
第6章　面向对象编程 ································· 78
　6.1　创建类 ······································· 78
　　6.1.1　类的定义 ································· 78
　　6.1.2　类的实例化 ······························· 78
　　6.1.3　类的方法 ································· 79
　　6.1.4　构造方法 ································· 80
　　6.1.5　私有属性和方法 ··························· 80
　6.2　继承 ··· 82
　　6.2.1　继承的定义和特征 ························· 82
　　6.2.2　单继承 ··································· 83
　　6.2.3　多继承 ··································· 84
　　6.2.4　方法重写 ································· 85
　　6.2.5　运算符重载 ······························· 86
　习题 ··· 88
第7章　GUI 编程 ····································· 90
　7.1　Tkinter 模块功能 ····························· 90
　　7.1.1　创建一个 GUI 程序 ························· 90
　　7.1.2　Tkinter 控件简介 ························· 91
　7.2　Tkinter 图形界面控件 ························· 92
　　7.2.1　Label 控件 ······························· 92
　　7.2.2　Button 控件 ····························· 93
　　7.2.3　Canvas 控件 ····························· 94
　　7.2.4　Checkbutton 控件 ························· 95
　　7.2.5　Radiobutton 控件 ························· 98
　　7.2.6　Entry 控件 ······························ 101
　　7.2.7　Combobox 控件 ··························· 102
　　7.2.8　ScrolledText 控件 ······················· 104
　　7.2.9　Menu 控件 ······························· 108
　　7.2.10　Frame 控件 ····························· 109
　7.3　事件响应 ···································· 113
　　7.3.1　鼠标事件 ································ 113
　　7.3.2　键盘事件 ································ 115
　习题 ·· 117
第8章　多线程编程 ·································· 119
　8.1　进程和线程简介 ······························ 119
　　8.1.1　进程和线程的概念 ························ 119

8.1.2 进程与线程之间的关系 119
8.2 线程创建 120
  8.2.1 函数方法创建线程 120
  8.2.2 用 threading 模块创建线程 121
8.3 线程同步 123
  8.3.1 线程锁 123
  8.3.2 threading.RLock 和 threading.Lock 的区别 126
  8.3.3 BoundedSemaphore 126
  8.3.4 event 128
  8.3.5 conditions 130
  8.3.6 barriers 132
8.4 Queue 模块 133
  8.4.1 FIFO 队列 133
  8.4.2 LIFO 队列 133
习题 137

第 9 章 数据库编程 139
9.1 数据库简介 139
  9.1.1 数据库系统管理 139
  9.1.2 关系型数据库 140
9.2 SQLite 数据库应用 141
  9.2.1 关于 SQLite 数据库 141
  9.2.2 连接 SQLite 数据库 141
  9.2.3 创建表 142
  9.2.4 删除表 144
  9.2.5 向表中添加数据 144
  9.2.6 查找数据 145
  9.2.7 更新数据 146
  9.2.8 删除数据 148
9.3 MySQL 数据库应用 149
  9.3.1 关于 MySQL 数据库 149
  9.3.2 安装 MySQL 数据库 149
  9.3.3 安装 PyMySQL 模块 151
  9.3.4 连接数据库 152
  9.3.5 创建表 152
  9.3.6 插入数据 153

9.3.7 查询数据 154
9.3.8 更新数据 155
9.3.9 删除数据 156
习题 156

第 10 章 网络编程应用 158
10.1 Socket 编程 158
  10.1.1 套接字模块 158
  10.1.2 编写一个简单的服务器 160
10.2 邮件服务程序 161
  10.2.1 发送普通电子邮件 162
  10.2.2 发送 HTML 电子邮件 163
  10.2.3 发送带附件的电子邮件 164
  10.2.4 在 HTML 文本中添加图片 165
习题 166

第 11 章 Web 开发 168
11.1 Web 服务简介 168
  11.1.1 HTTP 协议 169
  11.1.2 HTTP 跟踪 170
  11.1.3 HTTP 格式 170
11.2 超文本 171
  11.2.1 HTML 171
  11.2.2 CSS 172
  11.2.3 JavaScript 174
11.3 WSGI 接口 175
  11.3.1 WSGI 接口介绍 175
  11.3.2 运行 WSGI 服务 176
11.4 Web 框架 178
  11.4.1 Flask 框架简介 178
  11.4.2 Flask 框架应用 178
11.5 模板 181
  11.5.1 模板的功能 181
  11.5.2 MVC 框架 181
  11.5.3 MVC 应用 182
习题 184

参考文献 185

第 1 章　Python 概述

Python 是一种解释型、面向对象、动态数据类型的高级程序设计语言。Python 由 Guido van Rossum 于 1989 年底发明，第一个公开发行版发行于 1991 年。由于 Python 语言的简洁性、易读性以及可扩展性，它目前已经成为一种主流的、最受欢迎的程序开发语言之一。

本章学习重点：

- Python 语言的特点
- Python 3.0 安装和环境配置方法
- IDLE 常用功能
- IDLE 程序调试环境
- PyCharm 编程环境

1.1　Python 语言概述

1.1.1　什么是 Python 语言

Python 语言是一种面向对象的用途非常广泛的编程语言，具有非常清晰的语法特点，适用于多种操作系统，可以在 Windows 和 UNIX 这样的系统中运行。目前在国际上非常流行，正在得到越来越多的应用。Python 可以完成许多任务，功能非常强大。Python 的官方网站是：http://www.python.org/，可以在该网站找到很多相关资料。

Python 语言使用方便，不需要进行复杂的编译，用途非常广泛，可以进行各种软件的开发，比如：制作网站、开发图形界面（GUI）程序、网络编程、数据库编程、图形图像处理、科学计算、手机编程等。使用 Python 最多的应该是 Google 公司了，Google 搜索引擎就是该公司的产品。微软公司也已经开始提供 Python 语言的软件了。全球著名的手机厂商 Nokia 公司早已开始提供基于 Python 语言的手机开发软件了。另外，还有很多游戏是用 Python 开发的。目前 Python 已经有成百上千的公共资源供用户使用。

在国外，用 Python 做科学计算的研究机构日益增多，一些知名大学已经采用 Python 来教授程序设计课程。例如卡耐基梅隆大学的编程基础、麻省理工学院的计算机科学及编程导论就使用 Python 语言讲授。众多开源的科学计算软件包都提供了 Python 的调用接口，例如著名的计算机视觉库 OpenCV、三维可视化库 VTK、医学图像处理库 ITK。Python 专用的科学计算扩展库就更多了，例如三个十分经典的科学计算扩展库：NumPy、SciPy 和 matplotlib。它们分别为 Python 提供了快速数据处理、数值运算以及绘图功能。Python 语言及其众多的扩展库所构成的开发环境十分适合工程技术和科研人员处理实验数据、制作图表，甚至开发科学计算应用程序。

1.1.2　Python 语言特点

Python 是结合了解释性、编译性、互动性和面向对象的高层次的脚本语言。Python 的设计具有很强的可读性，相比其他语言经常使用英文关键字，它更有特色。

（1）Python 语言具有以下结构特点：

- Python 是解释型语言。这意味着开发过程中没有了编译这个环节，类似于 PHP 和 Perl 语言。
- Python 是交互式语言。这意味着可以在一个 Python 提示符下，直接互动执行你写的程序。
- Python 是面向对象语言。这意味着 Python 支持面向对象的风格或代码封装在对象的编程技术。
- Python 是初学者的语言。对初级程序员而言，Python 是一种伟大的语言，它支持广泛的应用程序开发，从简单的文字处理到 WWW 浏览器，再到游戏。

（2）Python 语言具有以下兼容性特点：

- 易于学习：Python 有相对较少的关键字和明确定义的语法，结构简单，学习起来更加容易。
- 易于阅读：Python 代码定义更清晰。
- 易于维护：Python 的源代码是相当容易维护的。
- 广泛的标准库：Python 的最大的优势之一是具有丰富的、跨平台的库，在 UNIX、Windows 和 Macintosh 系统的兼容性很好。
- 互动模式：互动模式支持从终端输入执行代码并获得结果，并且支持互动测试和调试代码片断。
- 可移植：基于其开放源代码的特性，Python 已经被移植（也就是使其工作）到许多平台。
- 可扩展：如果需要一段运行很快的关键代码，或者是想要编写一些不愿开放的算法，可以使用 C 或 C++完成那部分程序，然后从 Python 程序中调用。
- 数据库：Python 提供所有主要的商业数据库的接口。
- GUI 编程：Python 支持将创建的 GUI 移植到许多系统调用。
- 可嵌入：可以将 Python 嵌入到 C/C++程序，程序的使用者可获得"脚本化"的能力。

1.2　Python 开发环境的安装与配置

除了应用于 Windows 平台，Python 还可应用于多种平台，包括 Linux 和 Mac OS X。通过在终端窗口输入"python"命令，可查看本地是否已经安装了 Python 及其安装版本，如图 1-1 所示。

Python 的最新源码、二进制文档、新闻资讯等可以在 Python 的官网查看，Python 官网是 http://www.python.org/。还可以在文档下载地址www.python.org/doc/中下载 Python 的文档，包括 HTML（超文本标记语言）、PDF 和 PostScript 等格式的文档。

图 1-1 查看 Python 的安装版本

1.2.1 Python 安装

Python 已经被移植到许多不同平台，在不同平台上 Python 需要下载各相应平台的二进制代码，然后再进行安装。

1. 在 UNIX & Linux 平台安装 Python

以下为在 UNIX & Linux 平台上安装 Python 的简单步骤：

（1）打开 Web 浏览器访问 http://www.python.org/download/。

（2）选择适用于 UNIX/Linux 的源码压缩包。

（3）下载及解压压缩包。

（4）在 Modules/Setup 内定义、修改需要的选项及设置。

（5）执行 ./configure 脚本。

（6）make。

（7）make install。

执行以上操作后，Python 会安装在 /usr/local/bin 目录中，Python 库安装在 /usr/local/lib/pythonXX，XX 是使用的 Python 的版本号。

2. 在 Windows 平台安装 Python

以下为在 Windows 平台上安装 Python 的简单步骤。

（1）打开 Web 浏览器访问 http://www.python.org/download/，在下载列表中选择 Window 平台安装包，包文件为：python-XYZ.msi，XYZ 为要安装的 Python 的版本号。

（2）Windows 系统必须支持 Microsoft Installer 2.0 方可使用安装程序 python-XYZ.msi 进行安装。将安装文件保存到本地计算机，然后运行它。

（3）双击下载包，进入 Python 安装向导，安装非常简单，使用默认的设置一直单击"下一步"按钮直到安装完成即可。

3. 在 Mac 平台安装 Python

最近的 Mac 系统都自带有 Python 环境，也可以在链接 http://www.python.org/download/ 上下载最新版本进行安装。

1.2.2 环境变量配置

程序和可执行文件可能存于与多个目录，而这些路径很可能不在操作系统提供的可执行文件的搜索路径中。Path（路径）存储的环境变名量是由操作系统维护的一个字符串命名。环境变量包含可用的命令行解释器和其他程序的信息。

在 UNIX 或 Windows 平台中路径变量为 PATH（UNIX 区分大小写，Windows 不区分大小写）。在 Mac OS 平台中，安装程序过程中改变了 Python 的安装路径。如果需要在其他目录引用 Python，必须在 Path 中添加 Python 目录。

1. 在 UNIX/Linux 中设置环境变量
- 在 csh shell 输入 setenv PATH "$PATH:/usr/local/bin/python"，然后按 Enter 键。
- 在 bash shell（Linux）输入 export PATH="$PATH:/usr/local/bin/python"，然后按 Enter 键。
- 在 sh 或者 ksh shell 输入 PATH="$PATH:/usr/local/bin/python"，然后按 Enter 键。

提示：/usr/local/bin/python 是 Python 的安装目录。

2. 在 Windows 中设置环境变量

（1）可以在环境变量中添加 Python 目录：

在命令提示框（cmd）中输入 Path=%Path%;C:\Python，然后按 Enter 键。

注意：C:\Python 是 Python 的安装目录。

（2）也可以通过以下方式设置：

1）右键单击"计算机"，然后选择"属性"命令。

2）单击"高级系统设置"选项。

3）选择"系统变量"窗口下面的 Path，双击即可。

4）在 Path 行，添加 Python 安装路径。

注意：路径要用分号";"隔开。

表 1-1 所示是 Python 环境变量描述，它们是 Python 的几个重要环境变量。

表 1-1 Python 环境变量描述

环境变量	描述
PYTHONPATH	PYTHONPATH 是 Python 搜索路径，默认 import 的模块都会从 PYTHONPATH 里面寻找
PYTHONSTARTUP	Python 启动后，先寻找 PYTHONSTARTUP 环境变量，然后执行此变量指定的文件中的代码
PYTHONCASEOK	加入环境变量 PYTHONCASEOK，会使 Python 导入模块的时候不区分大小写
PYTHONHOME	另一种模块搜索路径，通常内嵌于 PYTHONSTARTUP 或 PYTHONPATH 目录中，使得两个模块库更容易切换

1.3 IDLE 编程环境

IDLE 是 Python 软件包自带的一个集成开发环境，非常适合 Python 编程的初学者。当安装好 Python 后，IDLE 就自动安装好了，不需要另外安装。同时，使用 Eclipse 这个强大的框架时 IDLE 也可以非常方便地调试 Python 程序。用户可以将其看作是一个用于编程的文字处理器，但它能做的事情不止是编写、保存、编辑那么简单。IDLE 基本功能包括：语法加亮；段落缩进；基本文本编辑；Tab 键控制；调试程序。

IDLE 提供了两种工作模式：交互模式（interactive mode）和脚本模式（script mode）。

1.3.1　通过交互模式进行编程

最简单的方式是以交互模式启动 Python。在该模式中，编程者告诉 Python 要做什么，Python 就会立即给出响应。在 Python 安装完成之后，可以在开始菜单中选择 IDLE 命令，这样就启动了一个交互式会话界面 IDLE Shell 窗口，其操作界面如图 1-2 所示。

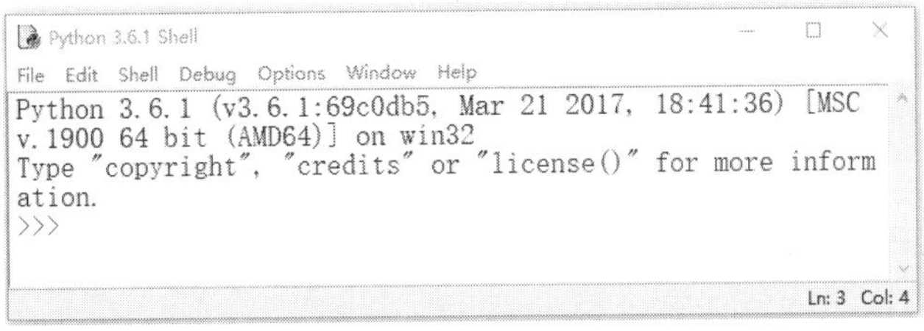

图 1-2　IDLE Shell 窗口

与很多程序语言的学习一样，我们学习的第一个 Python 程序语句是从"Hello world"开始。在命令提示符（>>>）后面输入 print("Hello world！")并按下 Enter 键，解释器就会在屏幕上输出结果，如图 1-3 所示。这是我们的第一个 Python 程序的运行结果。

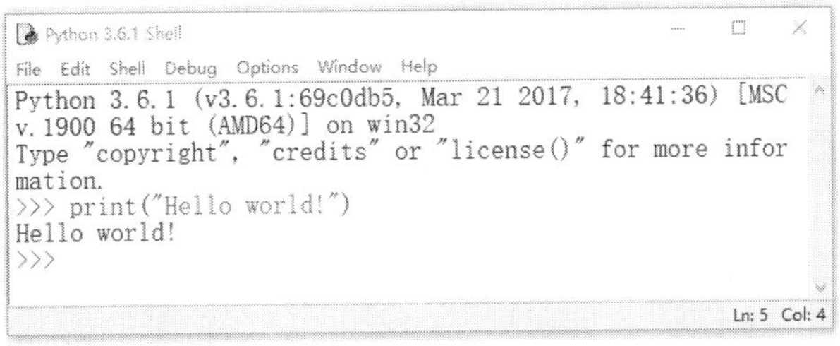

图 1-3　解释器输出结果

1.3.2　通过脚本模式进行编程

交互模式能让用户即刻得到反馈，看到结果。但如果想创建一个程序并将其保存起来以便今后还可以再执行的话，交互模式就不那么合适了。因此 Python 的 IDLE 还提供了一个脚本模式，在该模式下，可以编写、编辑、加载以及保存程序，它就好像是一个代码的文字处理器。事实上，确实可以用上一些类似的功能，比如查找和替换、剪切和粘贴等。

单击 File→NewFile 可以创建一个新的 Python 脚本文件，在该文件中编写 Python 程序，如图 1-4 所示。

图 1-4　脚本编程界面

在 Run 菜单项的下拉菜单中选择 Run Module 命令或者按下 F5 键运行程序，结果如图 1-5 所示。

图 1-5　程序结果输出

1.3.3　使用 IDLE 的调试器

IDLE 还为用户提供了调试器，帮助开发人员查找逻辑错误。利用调试器可以分析被调试程序的数据，并监视程序的执行流程。调试器的功能包括暂停程序执行、检查和修改变量、调用方法而不更改程序代码等。

使用 IDLE 的调试器进行程序调试的步骤为：

（1）在 Debug 菜单项的下拉菜单中选择 Debugger 命令，就启动了 IDLE 的交互式调试器，这时 IDLE 会打开 Debug Control 窗口，如图 1-6 所示。

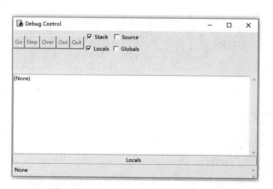

图 1-6　Debug Control 窗口

（2）在该 Shell 中打开想要调试的 py 文件，选中需要进行调试的代码行，单击右键，在弹出的快捷菜单中选择 SetBreakpoint 命令设置断点位置，选择 Clear Breakpoint 命令可以取消断点设置，如图 1-7 所示。

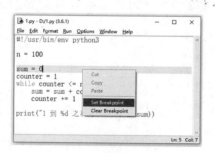

图 1-7　设置断点

(3)在需要调试的 py 文件窗口中,在 Run 菜单项的下拉菜单中选择 Run Module 命令或者按下 F5 键运行文件,就可以进入调试过程,如图 1-8 所示。

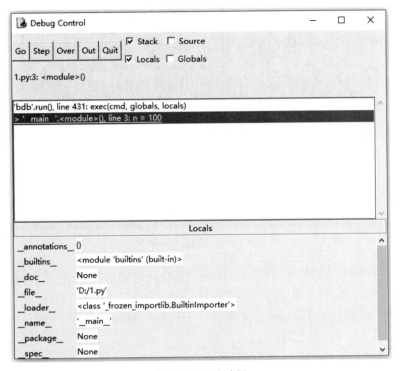

图 1-8 调试过程

在当前的 Debug Control 窗口中的主要按钮功能如下:
- Go 表示进入调试文件的断点位置。
- Step 表示调试过程中运行进入函数内部。
- Over 表示调试过程中不进入函数内部。
- Out 表示调试过程中从函数内部跳出。
- Quit 表示结束调试。

(4)如果要退出调试器,可以再次选择 Debug 菜单项下的 Debugger 命令,这时 IDLE 会关闭 Debug Control 窗口并在 Python Shell 窗口中输出[DEBUG OFF]。

1.4 PyCharm 编程环境

PyCharm 是一款 Python 的 IDE 的编辑工具,它是由 Jetbrains 出品的产品,带有一整套可以帮助用户在使用 Python 语言开发时提高其效率的工具,比如调试、语法高亮、Project 管理、代码跳转、智能提示、自动完成、单元测试、版本控制等。此外,该 IDE 提供了一些高级功能,以用于支持 Django 框架下的专业 Web 开发。可以在官网http://www.jetbrains.com/pycharm下载并安装 Pycharm。

安装完成后单击 Create New Project 进入 Pycharm 主界面,如图 1-9 所示。

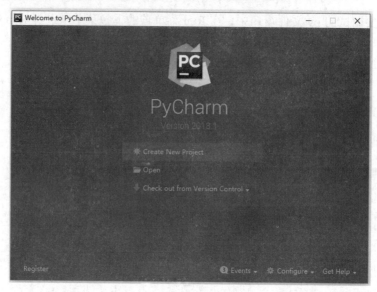

图 1-9　Pycharm 安装页面

单击 File→Settings 并搜索 Theme 后进入 Appearance 对话框，将 Theme 下拉菜单中的 Darcula 改为 Intellij 可以将界面由黑色系改为浅色系，如图 1-10 所示。

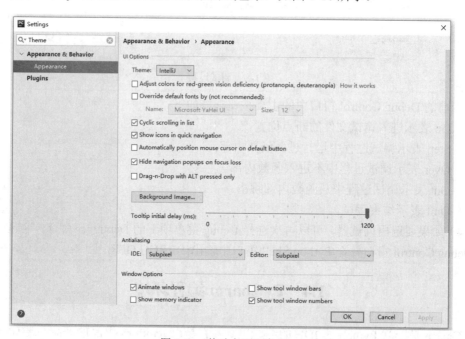

图 1-10　修改主页面色调。

单击 File→Settings→Editor→Colors Scheme→Console Font 可以更改代码的字体及其大小和行距，如图 1-11 所示。

单击 File→New Project→Pure Python 选择 Create 命令，就可以创建一个 Python 文件，如图 1-12 所示。

在代码编辑框中编辑代码，单击 Run 按钮运行代码，如图 1-13 所示。

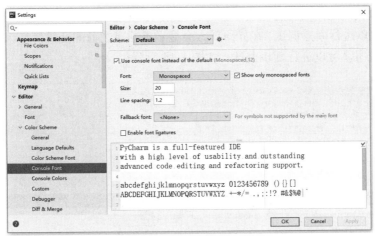

图 1-11　更改代码的字体及其大小和行距

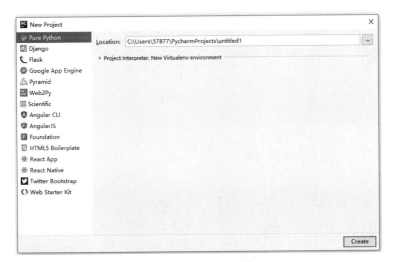

图 1-12　创建新文件

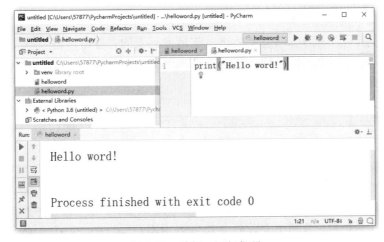

图 1-13　编辑、运行代码

单击行号和代码之间的位置生成一个有红色标识的断点位置，然后运行 Run 菜单项下的 Debug 命令就可以进行断点调试。在界面下方会显示该断点之前的变量信息。单击窗口中间部分的三角箭头按钮，可以进行逐步调试，如图 1-14 所示。

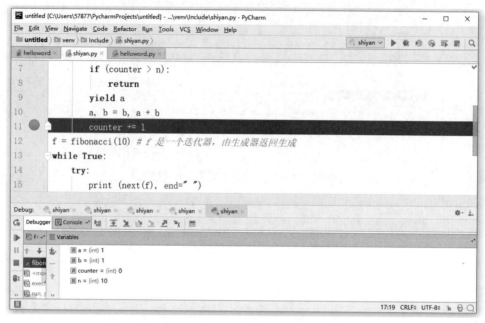

图 1-14　断点测试

习　题

一、填空题

1．Python 使用_____符号标示注释。

2．Python 源代码程序编译后的文件扩展名为_____。

3．使用 pip 工具查看当前已安装 Python 扩展库列表的完整命令是_____。

4．可以使用_____符号把一行过长的 Python 语句分解成几行；多个语句也可以写在同一行，语句之间要用_____符号隔开。

二、判断题

1．Python 是一种跨平台、开源、免费的高级动态编程语言。　　　　　　　　（　　）

2．Python 3.x 和 Python 2.x 唯一的区别就是：print 在 Python 2.x 中是输出语句，而在 Python 3.x 中是输出函数。　　　　　　　　　　　　　　　　　　　　　　　　　（　　）

3．在 Windows 平台上编写的 Python 程序无法在 UNIX 平台运行。　　　　　（　　）

4．不可以在同一台计算机上安装多个 Python 版本。　　　　　　　　　　　（　　）

5．在 Python 3.x 中可以使用中文作为变量名。　　　　　　　　　　　　　　（　　）

三、简答题

1．简述 Python 语言的特点。
2．简述一个典型 Python 文件应当具有怎样的结构。

四、编写程序

编写一个 Python 程序，其功能是输入两个数，比较它们的大小并输出其中较大者。

第 2 章　Python 程序设计基础

对于学习一门程序语言，第一个入门程序代码实现的功能大多是输出"Hello World!"。以下代码为使用 Python 编程实现输出"Hello World!"：

```
#!/usr/bin/python3
print("Hello World!");
```

同样我们也从这里出发开始认识 Python 的世界。

本章学习重点：

- 常用标识符
- 变量类型
- 控制语句
- 迭代器和生成器

2.1　Python 基本语法

2.1.1　标识符

Python 中的标识符要符合以下要求：
- 第一个字符必须是字母表中字母或下划线_。
- 标识符的其他的部分由字母、数字和下划线组成。
- 标识符对大小写敏感。

在 Python 3.0 中，非 ASCII 标识符也是允许的。但是关键字是不能用作任何标识符的，Python 的标准库提供了一个 keyword 模块，可以输出当前版本的所有关键字，如下所示：

```
>>> import keyword
>>> keyword.kwlist
['False', 'None', 'True', 'and', 'as', 'assert', 'break', 'class', 'continue', 'def', 'del', 'elif', 'else', 'except', 'finally', 'for', 'from', 'global', 'if', 'import', 'in', 'is', 'lambda', 'nonlocal', 'not', 'or', 'pass', 'raise', 'return', 'try', 'while', 'with', 'yield']
```

2.1.2　程序注释

Python 中的注释以#开头，可以单行注释也可以多行注释。

【例 2-1】单行注释。实例代码如下：

```
#!/usr/bin/python3

# 第一个注释
print ("Hello, Python!") # 第二个注释
```

以上程序运行结果为:
Hello, Python!

Python 中还可以使用多个#号、'''号或者"""号来进行多行注释。

【例 2-2】多行注释。实例代码如下:

```
#!/usr/bin/python3

# 第一个注释
# 第二个注释

'''
第三个注释
第四个注释
'''

"""
第五个注释
第六个注释
"""
print ("Hello, Python!")
```

以上程序运行结果为:
Hello, Python!

2.1.3 代码块和组

Python 中最具特色的就是使用缩进来表示代码块,不需要使用大括号({})。这和其他程序设计语言有区别。缩进的空格数是可变的,但是同一个代码块的语句必须包含相同的缩进空格数。我们建议输入一个 Backspace 键作为一个缩进,以免出错。

【例 2-3】代码块缩进。实例代码如下:

```
#!/usr/bin/python3

if True:
    print ("Answer")
    print ("True")
else:
    print ("Answer")
  print ("False")    # 缩进不一致,会导致运行错误
```

由于以上程序缩进不一致,执行后程序会提示以下错误:

```
File "test.py", line 6
    print ("False")    # 缩进不一致,会导致运行错误
IndentationError: unindent does not match any outer indentation level
```

在 Python 中通常是一行写完一条语句,但如果语句很长,可以使用反斜杠(\)来实现多行语句的输入,如下所示:

```
total = item_one + \
        item_two + \
        item_three
```

但如果是在[]、{}、或()中的多行语句,则不需要使用反斜杠(\),如下所示:
```
total = ['item_one', 'item_two', 'item_three',
        'item_four', 'item_five']
```

2.1.4 基本输出语句

可以使用 print 语句来进行显示输出。print 语句默认输出是换行的,如果要实现不换行需要在变量末尾加上 end=""。

【例 2-4】输出语句。实例代码如下:

```
#!/usr/bin/python3

x="a"
y="b"
# 换行输出
print( x )
print( y )

print('---------')
# 不换行输出
print( x, end="" )
print( y, end="" )
print()
```

以上程序运行结果为:
```
a
b
---------
a b
```

2.2 变量和数字类型

2.2.1 变量

Python 中的变量不需要声明。每个变量在使用前都必须赋值,赋值以后该变量才会被创建。在 Python 中,变量就是变量,它没有类型。我们所说的"类型"是变量所指的内存中对象的类型。

等号(=)运算符用来给变量赋值。

等号(=)运算符左边是一个变量名,右边是存储在变量中的值。

【例 2-5】变量赋值。实例代码如下:

```
#!/usr/bin/python3

counter = 100        # 整型变量
miles   = 1000.0     # 浮点型变量
name    = "runman"   # 字符串
print (counter)
```

print (miles)
print (name)

以上程序运行结果为：

100
1000.0
runman

Python 允许你同时为多个变量赋值。例如创建一个值为 1 的整型对象，三个变量被分配到相同的内存空间上，代码如下：

a = b = c = 1

还可以为多个对象指定多个变量。例如将两个整型对象 1 和 2 分别分配给变量 a 和 b，字符串对象 runman 分配给变量 c，代码如下：

a, b, c = 1, 2, "runman"

2.2.2　数据类型

Python 中有六个标准的数据类型：Number（数字）、String（字符串）、List（列表）、Tuple（元组）、Set（集合）和 Dictionary（字典）。在本节中只阐述数字类型，其他类型将在第 3 章中详细阐述。

Python 支持三种不同的数字类型：

- 整型（int）：通常被称为整型或整数，是正或负整数，不带小数点。Python3 整型是没有限制大小的，可以当作 long 类型使用，所以 Python3 没有 Python2 的 long 类型。
- 浮点型（float）：浮点型由整数部分与小数部分组成，浮点型也可以使用科学计数法表示（$2.5e2 = 2.5 \times 10^2 = 250$）。
- 复数（complex）：复数由实数部分和虚数部分构成，可以用 a + bj 或者 complex(a,b) 表示，复数的实部 a 和虚部 b 都是浮点型。

内置的 type() 函数可以用来查询变量所指的对象类型。

【例 2-6】用 type() 函数查询变量类型。实例代码如下：

```
#!/usr/bin/python3

a, b, c, d = 20, 5.5, True, 4+3j
print(type(a), type(b), type(c), type(d))
```

以上程序运行结果为：

<class 'int'><class 'float'><class 'bool'><class 'complex'>

2.2.3　数字类型转换

进行数字类型转换时只需将数字类型作为函数名即可，如：

- int(x) 将 x 转换为一个整数。
- float(x) 将 x 转换为一个浮点数。
- complex(x) 将 x 转换为一个复数，实数部分为 x，虚数部分为 0。
- complex(x, y) 将 x 和 y 转换为一个复数，实数部分为 x，虚数部分为 y。x 和 y 是数字表达式。

例如将浮点数变量 a 转换为整数：
```
>>> a = 1.0
>>> int(a)
1
```

2.3 使用解释器

在 Linux/UNIX 的系统中一般默认的 Python 版本为 2.x。可以将 Python 3.x 安装在 /usr/local/python3 目录中。安装完成后，我们可以将路径/usr/local/python3/bin 添加到 Linux/UNIX 操作系统的环境变量中，这样就可以通过 shell 终端输入下面的命令来启动 Python 3.x，如下所示：

```
$ PATH=$PATH:/usr/local/python3/bin/python3     # 设置环境变量
$ python3 --version
Python 3.4.0
```

在 Windows 系统中，假设 Python 安装在目录 C:\python34，可以通过以下命令来设置 Python 的环境变量：

```
set Path=%Path%;C:\python34
```

2.3.1 交互式编程

可以在命令提示符下输入"python3"命令来启动 Python 解释器，如下所示：

```
$ python3
```

执行以上命令后出现如下窗口信息：

```
$ python3
Python 3.4.0 (default, Apr 11 2014, 13:05:11)
[GCC 4.8.2] on linux
Type "help", "copyright", "credits" or "license" for more information.
>>>
```

在 Python 提示符中输入以下语句：

```
print ("Hello, Python!");
```

然后按回车键查看运行效果，以上命令执行结果如下：

```
Hello, Python!
```

2.3.2 脚本式编程

将以下代码拷贝至 hello.py 文件中。

```
print ("Hello, Python!");
```

通过命令 python3 hello.py 执行该脚本，输出结果为：

```
Hello, Python!
```

在 Linux/UNIX 系统中，在脚本顶部添加以下命令可以让 Python 脚本像 shell 脚本一样直接执行。

```
#! /usr/bin/env python3
```

然后修改脚本权限使其有执行权限，命令如下：

```
$ chmod +x hello.py
```

执行以下命令:
./hello.py
输出结果为:
Hello, Python!

2.4 运算符和优先级

2.4.1 运算符

1. 算数运算符

Python 中包含的算数运算符见表 2-1。

表 2-1 算数运算符

运算符	描述	实例
+	加:两个对象相加	a + b 输出结果 31
-	减:得到负数或是一个数减去另一个数	a - b 输出结果 -11
*	乘:两个数相乘或是返回一个被重复若干次的字符串	a * b 输出结果 210
/	除:x/y 即 x 除以 y	b / a 输出结果 2.1
%	取模:返回除法的余数	b % a 输出结果 1
**	幂:x**y 即返回 x 的 y 次幂	a**b 输出结果为 10 的 21 次方
//	取整除:返回商的整数部分	9//2 输出结果 4;9.0//2.0 输出结果 4.0

注:假设变量 a 为 10,变量 b 为 21。

2. 比较运算符

Python 中包含的比较运算符见表 2-2。

表 2-2 比较运算符

运算符	描述	实例
==	等于:比较对象是否相等	(a == b) 返回 False
!=	不等于:比较两个对象是否不相等	(a != b) 返回 True
>	大于:x>y 即返回 x 是否大于 y	(a > b) 返回 False
<	小于:x<y 即返回 x 是否小于 y 所有比较运算符返回 1 表示真,返回 0 表示假。这分别与特殊的变量 True 和 False 等价。注意这些变量名的字母大小写	(a < b) 返回 True
>=	大于等于:x>=y 即返回 x 是否大于等于 y	(a >= b) 返回 False
<=	小于等于:x<=y 即返回 x 是否小于等于 y	(a <= b) 返回 True

注:假设变量 a 为 10,变量 b 为 20。

3. 赋值运算符

Python 中包含的赋值运算符见表 2-3。

表 2-3　赋值运算符

运算符	描述	实例
=	简单的赋值运算符	c = a + b 将 a + b 的运算结果赋值给 c
+=	加法赋值运算符	c += a 等效于 c = c + a
-=	减法赋值运算符	c -= a 等效于 c = c - a
*=	乘法赋值运算符	c *= a 等效于 c = c * a
/=	除法赋值运算符	c /= a 等效于 c = c / a
%=	取模赋值运算符	c %= a 等效于 c = c % a
**=	幂赋值运算符	c **= a 等效于 c = c ** a

注：假设变量 a 为 10，变量 b 为 20。

4. 位运算符

按位运算符是把数字看作二进制来进行计算的，见表 2-4。Python 中的按位运算法则如下：

a = 0011 1100
b = 0000 1101
----
a&b = 0000 1100
a|b = 0011 1101
a^b = 0011 0001
~a　 = 1100 0011

表 2-4　位运算符

运算符	描述	实例
&	按位与运算符：参与运算的两个值，如果两个相应位都为 1，则该位的结果为 1，否则为 0	(a & b) 输出结果 12，二进制解释：0000 1100
|	按位或运算符：只要对应的两个二进位有一个为 1，结果位就为 1	(a | b) 输出结果 61，二进制解释：0011 1101
^	按位异或运算符：当两个对应的两进位相异，结果为 1	(a ^ b) 输出结果 49，二进制解释：0011 0001
~	按位取反运算符：对数据的每个二进制位取反，即把 1 变为 0，把 0 变为 1。~x 类似于 -x-1	(~a) 输出结果 -61，二进制解释：1100 0011，一个有符号二进制数的补码形式
<<	左移动运算符：运算数的各二进位全部左移若干位，由<<右边的数指定移动的位数，高位丢弃，低位补 0	a << 2 输出结果 240，二进制解释：1111 0000
>>	右移动运算符：把>>左边的运算数的各二进位全部右移若干位，>>右边的数指定移动的位数	a >> 2 输出结果 15，二进制解释：0000 1111

注：表中变量 a 为 60，b 为 13。

【例 2-7】 使用位运算符进行运算。实例代码如下:

```
#!/usr/bin/python3

a = 60              # 60 = 0011 1100
b = 13              # 13 = 0000 1101
c = 0
c = a & b;          # 12 = 0000 1100
print ("1 - c 的值为：", c)
c = a | b;          # 61 = 0011 1101
print ("2 - c 的值为：", c)
c = a ^ b;          # 49 = 0011 0001
print ("3 - c 的值为：", c)
c = ~a;             # -61 = 1100 0011
print ("4 - c 的值为：", c)
c = a << 2;         # 240 = 1111 0000
print ("5 - c 的值为：", c)
c = a >> 2;         # 15 = 0000 1111
print ("6 - c 的值为：", c)
```

以上程序的运行结果为：

```
1 - c 的值为： 12
2 - c 的值为： 61
3 - c 的值为： 49
4 - c 的值为： -61
5 - c 的值为： 240
6 - c 的值为： 15
```

5. 逻辑运算符

逻辑运算符用来判断程序运行过程中是否满足某些条件，见表 2-5。

表 2-5 逻辑运算符

运算符	逻辑表达式	描述	实例
and	x and y	逻辑与：如果 x 和 y 其中一个为 False，返回值为 False，否则返回 True	(a and b) 返回 True
or	x or y	逻辑或：如果 x 和 y 其中一个为 True，返回 Ture，否则返回 False	(a or b) 返回 True
not	not x	逻辑非：如果 x 为 True，返回 False。如果 x 为 False，返回 True	not(a and b) 返回 False

【例 2-8】 使用逻辑算符进行运算，实例代码如下:

```
#!/usr/bin/python3

a = 10
b = 20
if ( a and b ):
```

```
        print ("1 - 变量 a 和 b 都为 True")
    else:
        print ("1 - 变量 a 和 b 有一个不为 True")
    if ( a or b ):
        print ("2 - 变量 a 和 b 都为 True，或其中一个变量为 True")
    else:
        print ("2 - 变量 a 和 b 都不为 True")
# 修改变量 a 的值
a = 0
if ( a and b ):
    print ("3 - 变量 a 和 b 都为 True")
else:
    print ("3 - 变量 a 和 b 有一个不为 True")
if ( a or b ):
    print ("4 - 变量 a 和 b 都为 True，或其中一个变量为 True")
else:
    print ("4 - 变量 a 和 b 都不为 True")
if not( a and b ):
    print ("5 - 变量 a 和 b 都为 False，或其中一个变量为 False")
else:
    print ("5 - 变量 a 和 b 都为 True")
```

以上程序运行结果为：

1 - 变量 a 和 b 都为 True
2 - 变量 a 和 b 都为 True，或其中一个变量为 True
3 - 变量 a 和 b 有一个不为 True
4 - 变量 a 和 b 都为 True，或其中一个变量为 True
5 - 变量 a 和 b 都为 False，或其中一个变量为 False

6. 成员运算符

Python 同样支持成员运算符。成员运算符表示某个变量是否包含在特定的数据类型中，见表 2-6。

表 2-6 成员运算符

运算符	描述	实例
in	如果在指定的序列中找到值返回 True，否则返回 False	如果 x 在 y 序列中，x in y 返回 True
not in	如果在指定的序列中没有找到值返回 True，否则返回 False	如果 x 不在 y 序列中，x not in y 返回 True

【例 2-9】使用成员算符进行运算，实例代码如下：

```
#!/usr/bin/python3

a = 10
b = 20
list = [1, 2, 3, 4, 5 ]
if ( a in list ):
```

```
        print ("1 - 变量 a 在给定的列表 list 中")
    else:
        print ("1 - 变量 a 不在给定的列表 list 中")
    if ( b not in list ):
        print ("2 - 变量 b 不在给定的列表 list 中")
    else:
        print ("2 - 变量 b 在给定的列表 list 中")
    # 修改变量 a 的值
    a = 2
    if ( a in list ):
        print ("3 - 变量 a 在给定的列表 list 中")
    else:
        print ("3 - 变量 a 不在给定的列表 list 中")
```

以上程序运行结果为：

1 - 变量 a 不在给定的列表 list 中
2 - 变量 b 不在给定的列表 list 中
3 - 变量 a 在给定的列表 list 中

2.4.2 优先级

在表 2-7 中列出了优先级从最高到最低的所有运算符。

表 2-7 运算符优先级

运算符	描述
**	指数（最高优先级）
~、+、-	按位翻转、一元加号和减号（最后两个的方法名为+@和-@）
*、/、%、//	乘、除、取模和取整除
+、-	加法和减法
>>、<<	右移、左移运算符
&	位与运算符
^、|	位运算符
<=、<、>、>=	比较运算符
==、!=	等于、不等于运算符
+=、-=、*=、/=、%=、&=、|=、^=、<<=、>>=	赋值运算符。加赋值、减赋值、乘赋值、除赋值、求余赋值、求除赋值、按位与赋值、按位或赋值、左移位赋值、右移位赋值
is、is not	身份运算符
in、not in	成员运算符
not、or、and	逻辑运算符

2.5 条件控制语句

Python 条件控制语句是通过一条或多条语句的执行结果（True 或者 False）来决定执行的

代码，当表达式取不同的值时，程序运行的流程也发生相应的变化。

2.5.1 if 语句

if 语句是最常见的条件控制语句，其一般形式如下所示：

```
if condition_1:
    statement_block_1
elif condition_2:
    statement_block_2
else:
    statement_block_3
```

Python 中用 elif 代替了 else if，所以 if 语句的关键字为：if...elif...else。if 语句运行过程如下：

- 如果 condition_1 为 True，将执行 statement_block_1 语句块。
- 如果 condition_1 为 False，将判断 condition_2。
- 如果 condition_2 为 True，将执行 statement_block_2 语句块。
- 如果 condition_2 为 False，将执行 statement_block_3 语句块。

注意事项：

- 每个条件后面要使用冒号 ":"，表示接下来是满足条件后要执行的语句块。
- 使用缩进来划分语句块，相同缩进数的语句在一起组成一个语句块。
- 在 Python 中没有 switch...case 语句。

【例 2-10】用 if 语句判断。实例代码如下：

```
#!/usr/bin/python3

var1 = 100
if var1:
    print ("1 - if 表达式条件为 True")
    print (var1)

var2 = 0
if var2:
    print ("2 - if 表达式条件为 True")
    print (var2)
print ("Good bye!")
```

以上程序运行结果为：

```
1 - if 表达式条件为 True
100
Good bye!
```

从结果可以看到由于变量 var2 为 0，所以对应的 if 下的语句没有执行。

【例 2-11】演示狗的智商判断的小游戏。实例代码如下：

```
#!/usr/bin/python3

age = int(input("请输入你家狗狗的年龄: "))
print("")
```

```
    if age < 0:
        print("你是在逗我吧！")
    elif age == 1:
        print("相当于 14 岁的人。")
    elif age == 2:
        print("相当于 22 岁的人。")
    elif age > 2:
        human = 22 + (age -2)*5
        print("对应人类年龄：", human)

### 退出提示
input("单击 Enter 键退出")
```

以上程序运行结果为：

请输入你家狗狗的年龄：2

相当于 22 岁的人。

2.5.2 if 嵌套

嵌套 if 语句就是把 if...elif...else 结构放在另外一个 if...elif...else 结构中，其一般形式如下所示：

```
if 表达式 1:
    语句
    if 表达式 2:
        语句
    elif 表达式 3:
        语句
    else:
        语句
elif 表达式 4:
    语句
else:
    语句
```

【例 2-12】 判断一个数是否是 2 或 3 的倍数。实例代码如下：

```
#!/usr/bin/python3

num=int(input("输入一个数字："))
if num%2==0:
    if num%3==0:
        print ("你输入的数字可以整除 2 和 3")
    else:
        print ("你输入的数字可以整除 2，但不能整除 3")
else:
    if num%3==0:
```

```
                print ("你输入的数字可以整除 3，但不能整除 2")
        else:
                print ("你输入的数字不能整除 2 和 3")
```
以上程序运行结果为：
```
输入一个数字：8
你输入的数字可以整除 2，但不能整除 3
```

【例 2-13】判断数字是正数、负数或零。实例代码如下：
```
#!/usr/bin/python3

num = float(input("输入一个数字："))
if num >= 0:
    if num == 0:
        print("零")
    else:
        print("正数")
else:
    print("负数")
```
以上程序运行结果为：
```
输入一个数字：3
正数
```

【例 2-14】判断用户输入的年份是否为闰年。实例代码如下：
```
#!/usr/bin/python3

year = int(input("输入一个年份："))
if (year % 4) == 0:
    if (year % 100) == 0:
        if (year % 400) == 0:
            print("{0} 是闰年".format(year))      # 整百年能被 400 整除的是闰年
        else:
            print("{0} 不是闰年".format(year))
    else:
        print("{0} 是闰年".format(year))           # 非整百年能被 4 整除的为闰年
else:
    print("{0} 不是闰年".format(year))
```
以上程序运行结果为：
```
输入一个年份：2018
2018 不是闰年
```

2.6 循环语句

2.6.1 while 语句

1. while 语句

Python 中 while 语句的一般形式为：

```
while 判断条件：
    语句
```
使用 while 语句需要注意以下问题：
- 判断条件后有冒号。
- 语句部分要缩进。
- 在 Python 中没有 do…while 循环。

【例 2-15】计算 1 到 100 的总和。实例代码如下：

```
#!/usr/bin/python3

n = 100
sum = 0
counter = 1
while counter <= n:
    sum = sum + counter
    counter += 1
print("1 到 %d 之和为：%d" % (n,sum))
```

以上程序运行结果为：

```
1 到 100 之和为：5050
```

可以通过设置条件表达式永远不为 False 来实现无限循环。

【例 2-16】无限循环语句。实例代码如下：

```
#!/usr/bin/python3

var = 1
while var == 1 :  # 表达式永远为 True
    num = int(input("输入一个数字 ：："))
    print ("你输入的数字是：", num)
print ("Good bye!")
```

以上程序运行结果为：

```
输入一个数字 ：5
你输入的数字是：5
输入一个数字 ：10
你输入的数字是：10
输入一个数字 ：
```

无限循环在服务器上客户端的实时请求非常有用。可以使用 Ctrl+C 来退出当前的无限循环。

2. while … else 语句

while … else 语句与 while 语句类似，只是在条件语句为 False 时执行 else 的语句块。

【例 2-17】输出 5 以内的数字。实例代码如下：

```
#!/usr/bin/python3

count = 0
while count < 5:
    print (count, " 小于 5")
    count = count + 1
```

```
        else:
            print (count, " 大于或等于 5")
```
以上程序运行结果为：
```
0  小于 5
1  小于 5
2  小于 5
3  小于 5
4  小于 5
5  大于或等于 5
```

【例 2-18】输出斐波那契数列。实例代码如下：

```
#!/usr/bin/python3

# 获取用户输入数据
nterms = int(input("你需要几项？"))

# 第一和第二项
n1 = 0
n2 = 1
count = 2

# 判断输入的值是否合法
if nterms <= 0:
    print("请输入一个正整数。")
elif nterms == 1:
    print("斐波那契数列：")
    print(n1)
else:
    print("斐波那契数列：")
    print(n1,",",n2,end=" , ")
    while count < nterms:
        nth = n1 + n2
        print(nth,end=" , ")
        # 更新值
        n1 = n2
        n2 = nth
        count += 1
```

以上程序运行结果为：
```
你需要几项？8
斐波那契数列：
0 , 1 , 1 , 2 , 3 , 5 , 8 , 13 ,
```

2.6.2 for 语句

1．for 语句

for 循环可以遍历任何序列的项目，如一个列表或者一个字符串。for 循环的一般格式如下所示：

```
for <variable> in <sequence>:
    <statements>
else:
    <statements>
```

【例 2-19】for 循环。实例代码如下：

```
#!/usr/bin/python3

languages = ["C", "C++", "Perl", "Python"]
for x in languages:
    print (x)
```

以上程序运行结果为：

```
C
C++
Perl
Python
```

2. range()函数

如果你需要遍历数字序列，可以使用内置 range()函数，它可以生成数列。

【例 2-20】range()函数。实例代码如下：

```
#!/usr/bin/python3

for i in range(3):
    print(i)
```

以上程序运行结果为：

```
0
1
2
```

也可以使用 range 指定区间的值。

【例 2-21】指定区间的 range()函数。实例代码如下：

```
#!/usr/bin/python3

for i in range(5,8) :
    print(i)
```

以上程序运行结果为：

```
5
6
7
```

也可以使 range()以指定数字开始并指定不同的增量（甚至可以是负数，有时这也叫作"步长"）。

【例 2-22】指定区间的 range()函数增量。实例代码如下：

```
#!/Usr/bin/python3

for i in range(0, 10, 3) :
    print(i)
```

以上程序运行结果为：
```
0
3
6
9
```

【例2-23】求整数的阶乘。实例代码如下：

```python
#!/usr/bin/python3

# 通过用户输入数字计算阶乘

# 获取用户输入的数字
num = int(input("请输入一个数字："))
factorial = 1

# 查看数字是负数、0 或正数
if num < 0:
    print("抱歉，负数没有阶乘")
elif num == 0:
    print("0 的阶乘为 1")
else:
    for i in range(1,num + 1):
        factorial = factorial*i
    print("%d 的阶乘为 %d" %(num,factorial))
```

以上程序运行结果为：
```
请输入一个数字：10
10 的阶乘为 3628800
```

2.6.3 break 和 continue 语句

1. break 语句

break 语句可以跳出 for 和 while 的循环体。如果从 for 或 while 循环中终止，任何对应的 else 循环块将不被执行。

【例2-24】判断字母和数字。实例代码如下：

```python
#!/usr/bin/python3

for letter in 'Run':     # 第一个实例
    if letter == 'u':
        break
    print ('当前字母为：', letter)

var = 10                 # 第二个实例
while var > 0:
    print ('当期变量值为：', var)
    var = var -1
    if var == 9:
        break
print ("Good bye!")
```

以上程序运行结果为：
    当前字母为：R
    当期变量值为：10
    Good bye!

【例 2-25】输出指定范围内的素数。实例代码如下：

```
#!/usr/bin/python3

# 输出指定范围内的素数
# 用户输入数字
lower = int(input("输入区间最小值："))
upper = int(input("输入区间最大值："))

for num in range(lower,upper + 1):
    # 素数大于 1
    if num > 1:
        for i in range(2,num):
            if (num % i) == 0:
                break
        else:
            print(num,",end=")
```

以上程序运行结果为：
    输入区间最小值：100
    输入区间最大值：150
    101 103 107 109 113 127 131 137 139 149

【例 2-26】判断质数。实例代码如下：

```
#!/usr/bin/python3

# 检测用户输入的数字是否为质数
# 用户输入数字
num = int(input("请输入一个数字："))

# 质数大于 1
if num > 1:
    # 查看因子
    for i in range(2,num):
        if (num % i) == 0:
            print(num,"不是质数")
            print(i,"乘于",num//i,"是",num)
            break
    else:
        print(num,"是质数")

# 如果输入的数字小于或等于 1，不是质数
else:
    print(num,"不是质数")
```

以上程序运行结果为：
　　请输入一个数字：123
　　123 不是质数
　　3 乘于 41 是 123

2. continue 语句

continue 语句被用来告诉 Python 跳过当前循环块中的剩余语句，然后继续进行下一轮循环。

【例 2-27】判断字母和数字。实例代码如下：

```
#!/usr/bin/python3

for letter in 'Ruun':              # 第一个实例
    if letter == 'u':              # 字母为 u 时跳过输出
        continue
    print ('当前字母：', letter)
var = 3                            # 第二个实例
while var > 0:
    var = var -1
    if var == 2:                   # 变量为 2 时跳过输出
        continue
    print ('当前变量值：', var)
print ("Good bye!")
```

以上程序运行结果为：
　　当前字母：R
　　当前字母：n
　　当前变量值：1
　　当前变量值：0
　　Good bye!

循环语句可以有 else 子句，它在穷尽列表（for 循环）或条件变为 False（while 循环）导致循环终止时被执行，但循环被 break 终止时不执行 else 子句。

【例 2-28】判断 2 到 10 之间的质数。实例代码如下：

```
#!/usr/bin/python3

for n in range(2, 10):
    for x in range(2, n):
        if n % x == 0:
            print(n, '等于', x, '*', n%x)
            break
    else:
        # 循环中没有找到元素
        print(n, '是质数')
```

以上程序运行结果为：
　　2 是质数
　　3 是质数
　　4 等于 2 * 2
　　5 是质数
　　6 等于 2 * 3

7 是质数
8 等于 2 * 4
9 等于 3 * 3

2.7 迭代器和生成器

2.7.1 迭代器

迭代是 Python 最强大的功能之一，是访问集合元素的一种方式。迭代器具有以下的功能特征：
- 可以记住遍历的位置的对象。
- 从集合的第一个元素开始访问，直到所有元素被访问完时结束。
- 只能往前不会后退。
- 迭代器有两个基本的方法：iter()和 next()。
- 字符串、列表或元组对象都可用于创建迭代器：迭代器对象可以使用常规 for 语句进行遍历。

【例 2-29】使用 iter()迭代器。实例代码如下：

```
#!/usr/bin/python3

list=[1,2,3]
it = iter(list)      # 创建迭代器对象
for x in it:
    print (x, end="")
```

以上程序运行结果为：

1 2 3

也可以使用 next()函数来进行迭代。

【例 2-30】使用 next()函数。实例代码如下：

```
#!/usr/bin/python3

import sys          # 引入 sys 模块
list=[1,2,3,4]
it = iter(list)      # 创建迭代器对象
while True:
    try:
        x=next(it)
        print (x, end="")
    except StopIteration:
        sys.exit()
```

以上程序运行结果为：

1 2 3 4

2.7.2 生成器

在 Python 中，使用了 yield 的函数被称为生成器（generator）。跟普通函数不同的是，生成器是一个返回迭代器的函数，只能用于迭代操作，更简单地理解，生成器就是一个迭代器。

在调用生成器运行的过程中，每次遇到 yield 时函数会暂停并保存当前所有的运行信息，返回 yield 的值，并在下一次执行 next()方法时从当前位置继续运行。

【例 2-31】斐波那契函数。实例代码如下：

```
#!/usr/bin/python3

import sys
def fibonacci(n):           # 生成器函数—斐波那契函数
    a, b, counter = 0, 1, 0
    while True:
        if (counter > n):
            return
        yield a
        a, b = b, a + b
        counter += 1
f = fibonacci(10)           # f 是一个迭代器，由生成器返回生成
while True:
    try:
        print (next(f), end="")
    except StopIteration:
        sys.exit()
```

以上程序运行结果为：
0 1 1 2 3 5 8 13 21 34 55

习　题

一、填空题

1. Python 的数据类型分为_____、_____、_____、_____、_____ 等子类型。

2. 语句 x = 3==3.5 执行结束后，变量 x 的值为_____。

3. 已知 x = 3，那么执行语句 x += 6 之后，x 的值为_____。

4. 表达式 int('101',2) 的值为_____。

5. 表达式 abs(-3) 的值为_____。

6. Python 中用于表示逻辑与、逻辑或、逻辑非运算的关键字分别是_____、_____、_____。

7. Python 3.x 语句 for i in range(3):print(i, end=',') 的输出结果为_____。

8. Python 3.x 语句 print(1, 2, 3, sep=',') 的输出结果为_____。

9. 对于带有 else 子句的 for 循环和 while 循环，当循环因循环条件不成立而自然结束时

_____执行 else 中的代码。

10．在循环语句中，_____语句的作用是提前结束本层循环。

11．在循环语句中，_____语句的作用是提前进入下一次循环。

二、判断题

1．带有 else 子句的循环如果因为执行了 break 语句而退出的话，则会执行 else 子句中的代码。（   ）

2．对于带有 else 子句的循环语句，如果是因为循环条件表达式不成立而自然结束循环，则执行 else 子句中的代码。（   ）

3．在循环中 continue 语句的作用是跳出当前循环。（   ）

三、编写程序

用户从键盘输入小于 1000 的整数，对其进行因式分解。例如：10=2×5，60=2×2×3×5。

第 3 章 序列数据结构

Python 中最基本的数据结构是序列（sequence）。掌握好数据结构的使用，是程序设计的基本要求。

本章学习重点：

- 字符串序列和应用
- 列表序列和应用
- 元组序列和应用
- 集合序列和应用
- 字典序列和应用

3.1 字符串

字符串（String）是由零个或多个字符组成的有限串行。字符串是 Python 中最常用的数据类型，我们可以使用引号（'或"）来创建字符串。创建字符串很简单，只要为变量分配一个值即可，例如：

  var1 = 'Hello World!'
  var2 = "I Love Python"

从以上这两个例子可以看出，无论使用单引号还是双引号，给字符串赋值都是可以的。
字符串有以下主要特点：

- 字符串可以用+运算符连接在一起。
- 可以用*运算符重复字符串。
- Python 中的字符串有两种索引方式，从左往右以 0 开始，从右往左以-1 开始。
- Python 中的字符串不能改变。
- 反斜杠可以用来转义，使用 r 可以让反斜杠不发生转义。

3.1.1 字符串查询

Python 不支持单字符类型，单字符在 Python 中也是作为一个字符串使用。Python 可以通过方括号来截取字符串中的一部分。

【例 3-1】字符串查询。实例代码如下：

```
#!/usr/bin/python3

var1 = 'Hello World!'
var2 = " I Love Python "
print ("var1[0]： ", var1[0])
print ("var2[1:5]： ", var2[1:5])
```

以上程序运行结果为：
　　var1[0]：H
　　var2[1:5]：I Lo

【例 3-2】字符串截取。实例代码如下：

```
#!/usr/bin/python3

str = 'Runman'

print (str)              # 输出字符串
print (str[0:-1])        # 输出第一个到倒数第二个的所有字符
print (str[0])           # 输出字符串第一个字符
print (str[2:5])         # 输出从第三个开始到第五个的字符
print (str[2:])          # 输出从第三个开始之后的所有字符
print (str * 2)          # 输出字符串两次
```

以上程序运行结果为：
　　Runman
　　Runma
　　R
　　nma
　　nman
　　RunmanRunman

3.1.2　字符串更新

Python 中可以截取字符串的一部分并与其他字段拼接在一起。

【例 3-3】拼接字符串。实例代码如下：

```
#!/usr/bin/python3

var1 = 'Hello World!'
print ("已更新字符串：", var1[:6] + 'I Love Python!')
```

以上程序运行结果为：
　　已更新字符串：Hello I Love Python!

3.1.3　转义字符

当需要在字符串中使用特殊字符时，Python 用反斜杠（\）转义字符，见表 3-1。

表 3-1　转义字符对应表

转义字符	描述	转义字符	描述
\（在行尾时）	续行符	\\	反斜杠符号
\'	单引号	\"	双引号
\a	响铃	\b	退格（Backspace）
\e	转义	\000	空
\n	换行	\v	纵向制表符

续表

转义字符	描述	转义字符	描述
\t	横向制表符	\r	回车
\f	换页	\oyy	八进制数 yy 代表的字符,例如:\o12 代表换行
\xyy	十六进制数 yy 代表的字符,例如:\x0a 代表换行	\other	其他的字符以普通格式输出

3.1.4 字符串运算符

在 Python 中可使用运算符来进行字符串的运算。例如设定变量 a 的值为字符串"Hello",变量 b 的值为"Python",字符串运算符的具体描述见表 3-2。

表 3-2 字符串运算符

运算符	描述	应用实例
+	字符串连接	a + b 输出结果:HelloPython
*	重复输出字符串	a*2 输出结果:HelloHello
[]	通过索引获取字符串中的字符	a[1] 输出结果:e
[:]	截取字符串中的一部分	a[1:4] 输出结果:ell
in	成员运算符:如果字符串中包含给定的字符返回 True	H in a 输出结果:1
not in	成员运算符:如果字符串中不包含给定的字符返回 True	M not in a 输出结果:1
r/R	原始字符串:所有的字符串都是直接按照字面的意思来使用,没有转义、特殊或不能打印的字符。原始字符串除在字符串的第一个引号前加上字母 r (可以大小写) 以外,与普通字符串有着完全相同的语法	print r'\n' prints \n 和 print R'\n' prints \n

【例 3-4】字符串运算。实例代码如下:

```
#!/usr/bin/python3

a = "Hello"
b = "Python"

print("a + b 输出结果:", a + b)
print("a * 2 输出结果:", a * 2)
print("a[1] 输出结果:", a[1])
print("a[1:4] 输出结果:", a[1:4])

if( "H" in a) :
    print("H 在变量 a 中")
else :
    print("H 不在变量 a 中")
```

```python
if( "M" not in a) :
    print("M 不在变量 a 中")
else :
    print("M 在变量 a 中")

print (r'\n')
print (R'\n')
```

以上程序运行结果为：

　　a + b 输出结果：　HelloPython
　　a * 2 输出结果：　HelloHello
　　a[1] 输出结果：　e
　　a[1:4] 输出结果：　ell
　　H 在变量 a 中
　　M 不在变量 a 中
　　\n
　　\n

【例 3-5】移除字符串中的数字。实例代码如下：

```python
#!/usr/bin/python3

s= "11abc22abc33abc44abc55"
first = s.find("abc")
s1 = s[first + 3:]
s1 = s1.replace("abc", "")
s = s[0:first + 3] + s1

print(s)
```

以上程序运行结果为：

　　11abc22334455

【例 3-6】字符串判断。实例代码如下：

```python
#!/usr/bin/python3

str = "python.com"
print(str.isalnum())    # 判断所有字符都是数字或者字母
print(str.isalpha())    # 判断所有字符都是字母
print(str.isdigit())    # 判断所有字符都是数字
print(str.islower())    # 判断所有字符都是小写
print(str.isupper())    # 判断所有字符都是大写
print(str.istitle())    # 判断所有单词都是首字母大写（像标题）
print(str.isspace())    # 判断所有字符都是空白字符、\t、\n、\r

print("----------------------")
```

以上程序运行结果为：

　　False
　　False
　　False

True
False
False
False

【例 3-7】 字符大小写转换。实例代码如下：

```
#!/usr/bin/python3

str = "www.python.com"
print(str.upper())          # 把所有字符中的小写字母转换成大写字母
print(str.lower())          # 把所有字符中的大写字母转换成小写字母
print(str.capitalize())     # 把第一个字母转化为大写字母，其余小写
print(str.title())          # 把每个单词的第一个字母转化为大写字母，其余小写
```

以上程序运行结果为：

WWW.PYTHON.COM
www.python.com
Www.python.com
Www.Python.Com

3.1.5 字符串格式化

Python 可以支持格式化字符串的输出。虽然这样要用到相对复杂的表达式，但最基本的用法是将一个值插入到一个有字符串格式符%s 的字符串中。在 Python 中，字符串格式化使用的语法与 C 语言中 sprintf 函数的语法是一样的。

【例 3-8】 字符串格式化。实例代码如下：

```
#!/usr/bin/python3

print ("我是 %s 今年 %d 岁！" % ('python', 10))
```

以上程序运行结果为：

我是 python 今年 10 岁！

3.2 列表

列表（List）是 Python 中使用最频繁的数据类型。列表可以实现大多数集合类的数据结构。列表中元素的类型可以不相同，它支持数字、字符串甚至列表（所谓嵌套）。

列表是写在方括号（[]）之间、用逗号分隔开的元素列表。

和字符串一样，列表同样可以被索引和截取，列表被截取后返回一个包含所需元素的新列表。

列表的数据项不需要具有相同的类型。创建一个列表，如下所示：

list1 = ['Python', 'Runman', 1997, 2017]
list2 = [1, 2, 3, 4, 5]
list3 = ["a", "b", "c", "d"]

列表与字符串一样，索引从 0 开始。列表可以进行截取、组合等操作。列表截取的语法

格式如下：
> 列表名称[头下标:尾下标]
> 其中索引值以 0 为开始值，-1 为从末尾的开始位置。
> 字符串有以下主要特点：
> - List 写在方括号之间，元素用逗号隔开。
> - 和字符串一样，List 可以被索引和切片。
> - List 可以使用"+"操作符进行拼接。
> - List 中的元素是可以改变的。

3.2.1 列表赋值

可以使用索引来访问列表中的值，同样也可以使用方括号的形式截取字符。

【例 3-9】创建一个列表，只要把逗号分隔的不同的数据项使用方括号括起来即可。实例代码如下：

```
#!/usr/bin/python3

list1 = ['Hello', 'Superman', 2018]
list2 = ['A', 'B', 'C']

print ("list1[0]：  ", list1[0])
print ("list2[1:5]： ", list2[1:5])
```

以上程序运行结果为：

```
list1[0]：  Python
list2[1:5]：  [2, 3, 4, 5]
```

3.2.2 列表查询

可以通过使用索引来访问列表中的值，也可以使用方括号的形式截取字符。

【例 3-10】列表元素查询。实例代码如下：

```
#!/usr/bin/python3

list1 = ['Python', 'Runman', 1997, 2017];
list2 = [1, 2, 3, 4, 5, 6, 7 ];

print ("list1[0]：  ", list1[0])
print ("list2[1:5]： ", list2[1:5])
```

以上程序运行结果为：

```
list1[0]：  Python
list2[1:5]：  [2, 3, 4, 5]
```

3.2.3 列表更新

Python 可以对列表的数据项进行修改或更新，也可以使用 append()方法来添加列表项。

【例 3-11】更新列表元素。实例代码如下：

```
#!/usr/bin/python3
```

```
list = ['Python', 'Runman', 1997, 2017]

print ("第三个元素为：", list[2])
list[2] = 2001
print ("更新后的第三个元素为：", list[2])
```
以上程序运行结果为：
```
第三个元素为：1997
更新后的第三个元素为：2001
```

3.2.4 列表元素删除

使用 del 语句来删除列表中的的元素。

【例 3-12】删除列表元素。实例代码如下：
```
#!/usr/bin/python3

list = ['Python', 'Runman', 1997, 2017]

print (list)
del list[2]
print ("删除第三个元素：", list)
```
以上程序运行结果为：
```
['Python', 'Runman', 1997, 2017]
删除第三个元素：['Python', 'Runman', 2017]
```

【例 3-13】剔除列表中重复的元素。实例代码如下：
```
#!/usr/bin/python3

list = [1, 1, 1, 2, 2, 3, 3, 3, 4]
length = len(list)
print (list)
pos = length - 1
while pos >=0:
    r = list.count(list[pos])
    print( 'pos:',pos,'r:',r)
    if r > 1:
        i = 0
        print ('del:')
        while i < r - 1:
            print (list.pop(pos))
            pos = pos - 1
            i = i + 1
    else:
        print('=>not repeat!')
    pos -= 1
print ("结果是：" ,list)
```
以上程序运行结果为：
```
[1, 1, 1, 2, 2, 3, 3, 3, 4]
```

pos: 8 r: 1
=>not repeat!
pos: 7 r: 3
del:
3
3
pos: 4 r: 2
del:
2
pos: 2 r: 3
del:
1
1
结果是： [1, 2, 3, 4]

3.2.5 列表操作符

+和*操作符对列表的作用与字符串相似。+号用于组合列表，*号用于重复列表。+和*操作符的说明见表 3-3。

表 3-3 列表的+、*操作符

Python 表达式	描述	结果
len([1, 2, 3])	长度	3
[1, 2, 3] + [4, 5, 6]	组合	[1, 2, 3, 4, 5, 6]
['Hi!'] * 4	重复	['Hi!', 'Hi!', 'Hi!', 'Hi!']
3 in [1, 2, 3]	元素是否存在于列表中	True
for x in [1, 2, 3]: print(x, end="")	迭代	1 2 3
len([1, 2, 3])	长度	3

Python 列表的截取和拼接操作与字符串类似，见表 3-4。

表 3-4 Python 列表截取和拼接

Python 表达式	描述	结果
L[2]	读取第三个元素	' Software '
L[-2]	从右侧开始读取倒数第二个元素	'Runman'
L[1:]	输出从第二个元素开始后的所有元素	['Runman', ' Software ']
L[0]+L[1]	输出两个元素的组合	['Python', 'Runman']

注：其中 L=['Python', 'Runman', 'Software']。

【例 3-14】列表截取和连接，实例代码如下：

```
#!/usr/bin/python3

list = [ 'abcd', 786 , 2.23, 'runman', 70.2 ]
tinylist = [123, 'superman']
```

```
print (list)                  # 输出完整列表
print (list[0])               # 输出列表第一个元素
print (list[1:3])             # 输出从第二个元素开始到第三个元素
print (list[2:])              # 输出从第三个元素开始的所有元素
print (tinylist * 2)          # 输出两次列表
print (list + tinylist)       # 输出连接列表
```

以上程序运行结果为：

['abcd', 786, 2.23, 'runman', 70.2]
abcd
[786, 2.23]
[2.23, 'runman', 70.2]
[123, 'superman', 123, 'superman']
['abcd', 786, 2.23, 'runman', 70.2, 123, 'superman']

3.2.6 列表嵌套

可以使用嵌套列表即在列表里创建其他列表。

【例 3-15】嵌套列表。实例代码如下：

```
#!/usr/bin/python3

a=['a','b','c']
n=[1,2,3]
x=[a,n]

print(x)
print(x[0])
print(x[0][1])
```

以上程序运行结果为：

[['a', 'b', 'c'], [1, 2, 3]]
['a', 'b', 'c']
b

3.3 元组

元组（Tuple）序列与列表类似，不同之处在于元组中的元素不能修改。元组使用小括号，列表使用方括号。元组创建很简单，只需要在括号中添加元素并使用逗号隔开即可，实例如下：

tup1 = ['Python', 'Runman', 1997, 2017]
tup2 = [1, 2, 3, 4, 5]
tup3 = ["a", "b", "c", "d"]

当然也可以创建一个空元组，如下所示：

tup1 = ()

元组中只包含一个元素时，需要在元素后面添加逗号，否则括号会被当作运算符使用。

元组与字符串类似，可以被索引且下标索引从 0 开始，-1 为从末尾开始由后往前的位置，也可以进行截取。其实，可以把字符串看作是一种特殊的元组。

元组有以下主要特点：

- 与字符串一样，元组的元素不能修改。
- 元组也可以被索引和切片，方法与字符串一样。
- 注意构造包含 0 或 1 个元素的元组的特殊语法规则。
- 元组也可以使用+操作符进行拼接。

3.3.1 元组查询

可以使用索引来访问元组中的值。

【例 3-16】查询元组中的元素。实例代码如下：

```
#!/usr/bin/python3

tup1 = ('Python', 'Runman', 1997, 2017)
tup2 = (1, 2, 3, 4, 5, 6, 7 )

print ("tup1[0]: ", tup1[0])
print ("tup2[1:5]: ", tup2[1:5])
```

以上程序运行结果为：

```
tup1[0]:   Python
tup2[1:5]:   (2, 3, 4, 5)
```

3.3.2 元组修改

注意：元组中的元素值是不允许修改的，但我们可以对元组进行连接组合。

【例 3-17】元组连接。实例代码如下：

```
#!/usr/bin/python3

tup1 = (12, 34.56)
tup2 = ('abc', 'xyz')

# 以下修改元组元素操作是非法的。
# tup1[0] = 100

# 创建一个新的元组
tup3 = tup1 + tup2
print (tup3)
```

以上程序运行结果为：

```
(12, 34.56, 'abc', 'xyz')
```

3.3.3 删除元组

注意：元组中的元素值是不允许删除的，但我们可以使用 del 语句来删除整个元组。

【例 3-18】删除元组。实例代码如下：

```
#!/usr/bin/python3
tup = ('Python', 'Runman', 1997, 2017)

print (tup)
del tup
print ("删除后的元组 tup : ")
print (tup)
```

以上实例元组被删除后，输出变量时会出现异常信息，以上程序运行结果为：

```
('Python', 'Runman', 1997, 2017)
删除后的元组 tup :
Traceback (most recent call last):
  File "D:/1.py", line 10, in <module>
    print (tup)
NameError: name 'tup' is not defined
```

3.3.4 元组运算符

与字符串一样，元组之间可以使用+号和*号进行运算。这就意味着它们可以进行组合和复制运算，运算后会生成一个新的元组，Python 元组运算符见表 3-5。

表 3-5 Python 元组运算符

Python 表达式	结果	描述
len((1, 2, 3))	3	计算元素个数
(1, 2, 3) + (4, 5, 6)	(1, 2, 3, 4, 5, 6)	连接
('Hi!',) * 4	('Hi!', 'Hi!', 'Hi!', 'Hi!')	复制
3 in (1, 2, 3)	True	元素是否存在
for x in (1, 2, 3): print x	1 2 3	迭代

由于元组本身也是一个序列，所以我们可以访问元组中的指定位置的元素，也可以截取索引中的一段元素，见表 3-6。

表 3-6 Python 元组索引和截取

Python 表达式	结果	描述
L[2]	'Runman'	读取第三个元素
L[-2]	'Software'	反向读取：读取倒数第二个元素
L[1:]	('Software', 'Runman')	截取元素：从第二个开始后的所有元素

注：其中 L =('Python','Software','Runman')。

【例 3-19】截取元组中的元素。实例代码如下：

```
#!/usr/bin/python3

L = ('Python', 'Software', 'Runman')
print(L[2])
```

```
print(L[-2])
print(L[1:])
```
以上程序运行结果为:
```
Runman
Software
('Software', 'Runman')
```

【例 3-20】连接元组中的元素。实例代码如下:

```
#!/usr/bin/python3

tuple = ( 'abcd', 786 , 2.23, 'superman', 70.2  )
tinytuple = (123, 'runman')

print (tuple)              # 输出完整元组
print (tuple[0])           # 输出元组的第一个元素
print (tuple[1:3])         # 输出从第二个元素开始到第三个元素
print (tuple[2:])          # 输出从第三个元素开始的所有元素
print (tinytuple * 2)      # 输出两次元组
print (tuple + tinytuple)  # 输出连接元组
```

以上程序运行结果为:
```
('abcd', 786, 2.23, 'superman', 70.2)
abcd
(786, 2.23)
(2.23, 'superman', 70.2)
(123, 'runman', 123, 'runman')
('abcd', 786, 2.23, 'superman', 70.2, 123, 'runman')
```

3.4 集合

集合(Set)是一个无序不重复元素的序列。其基本功能是进行成员关系测试和删除重复元素。

3.4.1 集合创建

可以使用大括号{ }或者set()函数创建集合。

注意:创建一个空集合必须用set()而不是{ },因为{ }是用来创建一个空字典。

创建一个集合的格式如下所示:

parame = {value01,value02,...}

或者

set(value)

3.4.2 集合运算

集合中的元素可以进行差集、交集、并集等运算。

【例 3-21】删除集合中重复的元素。实例代码如下:

```
#!/usr/bin/python3
```

```
student = {'Tom', 'Jim', 'Mary', 'Tom', 'Jack', 'Rose'}
print(student)      # 输出集合，重复的元素被自动去掉
# 成员测试
if('Rose' in student) :
    print('Rose 在集合中')
else :
    print('Rose 不在集合中')
```

以上程序运行结果为：

{'Mary', 'Jack', 'Rose', 'Jim', 'Tom'}
Rose 在集合中

【例 3-22】元组集合运算。实例代码如下：

```
#!/usr/bin/python3

# set 可以进行集合运算
a = set('abracadabra')
b = set('alacazam')

print(a)
print(a - b)                # a 和 b 的差集
print(a | b)                # a 和 b 的并集
print(a & b)                # a 和 b 的交集
print(a ^ b)                # a 和 b 中不同时存在的元素
```

以上程序运行结果为：

{'r', 'c', 'b', 'a', 'd'}
{'r', 'b', 'd'}
{'r', 'c', 'b', 'm', 'a', 'z', 'l', 'd'}
{'a', 'c'}
{'r', 'b', 'm', 'z', 'l', 'd'}

3.5 字典

字典（Dictionary）是 Python 中另一个非常有用的内置数据类型。

列表是有序的对象结合，字典是无序的对象集合。两者之间的区别在于：字典当中的元素是通过键来存取的，而不是通过偏移存取。

字典可以可存储任意类型对象。字典的每个键值包含键（key）和值（value）两部分，两者用冒号（:）分开。键值之间用逗号（,）分开，整个字典包括在花括号（{}）中，格式如下所示：

d = {key1 : value1, key2 : value2 }

在字典中键必须是唯一的，值则不必。值可以取任何数据类型，但键是不可变的，类型可为字符串、数字或元组。一个简单的字典实例如下：

dict = {'Alice': '2341', 'Beth': '9102', 'Cecil': '3258'}

也可像下面这样来创建字典：

dict1 = { 'abc': 456 };

dict2 = { 'abc': 123, 98.6: 37 };

字典有以下主要特点：
- 字典是一种映射类型，它的元素是键值对。
- 字典的关键字必须为不可变类型，且不能重复。
- 建空字典需使用{ }。

3.5.1 字典查询

字典中可以通过键来查询值。

【例 3-23】查询字典中的键值。实例代码如下：

```
#!/usr/bin/python3

dict = {'Name': 'Runman', 'Age': 7, 'Class': 'First'}

print ("dict['Name']: ", dict['Name'])
print ("dict['Age']: ", dict['Age'])
```

以上程序运行结果为：

```
dict['Name']:  Runman
dict['Age']:   7
```

【例 3-24】查询字典中部分和全部键值。实例代码如下：

```
#!/usr/bin/python3

dict = {}
dict['one'] = "1 - superman"
dict[2] = "2 - superman"
tinydict = {'name': 'runman','code':1, 'site': 'www.runman.com'}
print (dict['one'])          # 输出键为 one 的值
print (dict[2])              # 输出键为 2 的值
print (tinydict)             # 输出完整的字典
print (tinydict.keys())      # 输出所有键
print (tinydict.values())    # 输出所有值
```

以上程序运行结果为：

```
1 - superman
2 - superman
{'name': 'runman', 'code': 1, 'site': 'www.runman.com'}
dict_keys(['name', 'code', 'site'])
dict_values(['runman', 1, 'www.runman.com'])
```

如果用字典里没有的键访问数据，会输出错误。

【例 3-25】查询字典中的不存在的键值。实例代码如下：

```
#!/usr/bin/python3

dict = {'Name': 'Runman', 'Age': 7, 'Class': 'First'};
print ("dict['Alice']: ", dict['Alice'])
```

以上程序运行结果为：

```
Traceback (most recent call last):
```

```
File "D: /1.py", line 7, in <module>
    print ("dict['Alice']: ", dict['Alice'])
KeyError: 'Alice'
```

3.5.2 字典修改

向字典添加新内容的方法是增加新的键值对，修改或删除已有键值。

【例 3-26】修改字典中的键值。实例代码如下：

```
#!/usr/bin/python3

dict = {'Name': 'Runman', 'Age': 7, 'Class': 'First'}
dict['Age'] = 8;                    # 更新 Age
dict['School'] = "Python 教程"       # 添加信息

print ("dict['Age']: ", dict['Age'])
print ("dict['School']: ", dict['School'])
```

以上程序运行结果为：

dict['Age']: 8
dict['School']: Python 教程

3.5.3 字典元素删除

可以删除字典中单个的元素，也可以清空整个字典，清空只需一项操作，删除一个字典用 del 命令。

【例 3-27】删除字典中的键值。实例代码如下：

```
#!/usr/bin/python3

dict = {'Name': 'Runman', 'Age': 7, 'Class': 'First'}
del dict['Name']          # 删除键 Name
dict.clear()              # 清空字典
del dict                  # 删除字典

print ("dict['Age']: ", dict['Age'])
print ("dict['School']: ", dict['School'])
```

上述程序的运行将会引发一个异常，因为执行 del 操作后字典就不存在了，上述程序运行结果为：

```
Traceback (most recent call last):
    File "D: /1.py", line 13, in <module>
        print ("dict['Age']: ", dict['Age'])
TypeError: 'type' object is not subscriptable
```

3.5.4 字典的特性

字典中的值可以是任何的 Python 对象，既可以是标准的对象，也可以是用户定义的，但键不行。

需要记住两个重点：

（1）不允许同一个键出现两次。创建时如果同一个键被赋值两次，后一个值有效。

【例3-28】重复创建字典中的键值。实例代码如下：

#!/usr/bin/python3

dict = {'Name': 'Runman', 'Age': 7, 'Name': '新同学'}

print ("dict['Name']: ", dict['Name'])

以上程序运行结果为：

dict['Name']: 新同学

（2）键是不可变的，所以可以用数字、字符串或元组充当，不能用列表。

【例3-29】用列表创建字典中的键值。实例代码如下：

#!/usr/bin/python3

dict = {'Name': 'Runman', 'Age': 7}

print ("dict['Name']: ", dict['Name'])

以上程序会产生错误，运行结果为：

Traceback (most recent call last):
　File "D:/1.py", line 4, in <module>
　　dict = {'Name': 'Runman', 'Age': 7}
TypeError: unhashable type: 'list'

习　　题

一、填空题

1．字典中多个元素之间使用_____分隔开，每个元素的"键"与"值"之间使用_____分隔开。

2．Python 序列类型包括_____、_____、_____、_____、_____类型。

3．删除字典中的所有元素的函数是_____，可以将一个字典的内容添加到另外一个字典中的函数是_____，返回包含字典中所有键的列表的函数是_____，返回包含字典中所有值的列表的函数是_____，判断一个键在字典中是否存在的函数是_____。

4．设 s='abcdefg'，则 s[3]值是_____，s[3:5]值是_____，s[:5]值是_____，s[3:]值是_____，s[: :2]值是_____，s[::-1]值是_____，s[-2:-5]值是_____。

5．表达式[1, 2, 3]*3 的执行结果为_____。

6．list(map(str, [1, 2, 3]))的执行结果为_____。

7．表达式[3] in [1, 2, 3, 4]的值为_____。

8．假设列表对象 aList 的值为[3, 4, 5, 6, 7, 9, 11, 13, 15, 17]，那么 aList[3:7]得到的值是_____。

9．使用列表推导式生成包含 10 个数字 5 的列表，语句可以写为_____。

10．假设有列表 a = ['name', 'age', 'sex']和 b = ['Dong', 38, 'Male']，请使用一个语句将这两个列表的内容转换为字典，并且以列表 a 中的元素为"键"，以列表 b 中的元素为"值"，这个语句可以写为_____。

11. 任意长度的 Python 列表、元组和字符串中最后一个元素的下标为_____。
12. Python 语句 .join(list('hello world!')) 执行的结果是_____。
13. Python 语句 list(range(1,10,3)) 执行的结果为_____。
14. 表达式 list(range(5)) 的值为_____。
15. _____命令既可以删除列表中的一个元素，也可以删除整个列表。
16. 已知 a = [1, 2, 3] 和 b = [1, 2, 4]，那么 id(a[1])==id(b[1]) 的执行结果为_____。

二、选择题

1. 下列说法错误的是（　　）。
   A．除字典类型外，所有标准对象均可以用于布尔测试。
   B．空字符串的布尔值是 False。
   C．空列表对象的布尔值是 False。
   D．值为 0 的任何数字对象的布尔值是 False。

2. Python 不支持的数据类型有（　　）。
   A．char   B．int
   C．float   D．list

3. 关于字符串下列说法错误的是（　　）。
   A．字符应该视为长度为 1 的字符串。
   B．以\0 标志字符串的结束。
   C．既可以用单引号，也可以用双引号创建字符串。
   D．在三引号字符串中可以包含换行回车等特殊字符。

4. 以下不能创建一个字典的语句是（　　）。
   A．dict1 = {}   B．dict2 = { 3 : 5 }
   C．dict3 = dict([2 , 5] ,[3 , 4])   D．dict4 = dict(([1,2],[3,4]))

5. 下面不能创建一个集合的语句是（　　）。
   A．s1 = set ()   B．s2 = set ("abcd")
   C．s3 = (1, 2, 3, 4)   D．s4 = frozenset((3,2,1))

6. 下列 Python 语句正确的是（　　）。
   A．min = x if x < y else y   B．max = x > y ? x : y
   C．if (x > y) print x   D．while True : pass

三、判断题

1. Python 支持使用字典的"键"作为下标来访问字典中的值。　　　　　（　　）
2. 列表可以作为字典的"键"。　　　　　　　　　　　　　　　　　　（　　）
3. 元组可以作为字典的"键"。　　　　　　　　　　　　　　　　　　（　　）
4. 字典的"键"必须是不可变的。　　　　　　　　　　　　　　　　　（　　）

第 4 章 函数和模块

函数和模块是 Python 编程的核心内容之一，是本书中比较重要的一部分内容。模块化是 Python 语言的一个重要功能和特点。掌握好模块的使用，在程序设计过程中将会更加方便、快捷和准确地实现程序功能。

本章学习重点：

- 函数的定义
- 如何调用函数
- 参数传递和特殊参数
- Python 的标准模块
- 第三方时间模块

4.1 函数

4.1.1 函数定义

函数是组织好的、可重复使用的、用来实现单一或相关联功能的代码段。函数能提高应用的模块性和代码的重复利用率。Python 提供了许多内建函数，比如 print()；同样，可以自己创建函数，也就是用户自定义函数。

Python 定义函数使用 def 关键字，一般格式如下：

  def 函数名(参数列表):
  函数体

默认情况下，参数值和参数名称是按函数声明中定义的顺序匹配起来的。

定义一个有自己想要功能的函数，通常需要满足以下简单的规则：

- 函数代码块以 def 关键字开头，后接函数标识符名称和圆括号()。
- 任何传入参数和自变量必须放在圆括号内。
- 函数的第一行语句可以使用文档字符串——用于存放函数说明。
- 函数内容以冒号起始，并且缩进。
- return [表达式]语句结束函数，表达式为返回值；不带表达式的 return 相当于返回 None。

【例 4-1】带有参数变量的函数用来求长方形的面积。实例代码如下：

```
#!/usr/bin/python3

# 计算面积函数
def area(width, height):
```

```
        return width * height

    def print_welcome(name):
        print("Welcome", name)

    print_welcome("Runman")
    w = 4
    h = 5
    print("width =", w, " height =", h, " area =", area(w, h))
```
以上程序运行结果为：
```
Welcome Runman
width = 4   height = 5   area = 20
```

4.1.2 函数调用

定义函数时给了函数一个名称，指定了函数里包含的参数和代码块结构。这个函数的基本结构完成以后，便可以通过另一个函数来调用执行它。

【例4-2】调用 printme()函数。实例代码如下：

```
#!/usr/bin/python3

# 定义函数
def printme( str ):
    print (str);
    return;

# 调用函数
printme("我要调用用户自定义函数！")

printme("再次调用同一函数")
```

以上程序运行结果为：
```
我要调用用户自定义函数！
再次调用同一函数
```

【例4-3】通过函数调用实现一个简单的计算器。实例代码如下：

```
#!/usr/bin/python3

# 定义函数
def add(x, y):
    """相加"""

    return x + y

def subtract(x, y):
    """相减"""

    return x - y
```

```python
def multiply(x, y):
    """相乘"""
    return x * y

def divide(x, y):
    """相除"""
    return x / y

# 用户输入
print("选择运算：")
print("1、相加")
print("2、相减")
print("3、相乘")
print("4、相除")

choice = input("输入你的选择(1/2/3/4):")

num1 = int(input("输入第一个数字："))
num2 = int(input("输入第二个数字："))

if choice == '1':
    print(num1,"+",num2,"=", add(num1,num2))

elif choice == '2':
    print(num1,"-",num2,"=", subtract(num1,num2))

elif choice == '3':
    print(num1,"*",num2,"=", multiply(num1,num2))

elif choice == '4':
    print(num1,"/",num2,"=", divide(num1,num2))
else:
    print("非法输入")
```

以上程序运行结果为：

选择运算：
1、相加
2、相减
3、相乘
4、相除
输入你的选择(1/2/3/4):1
输入第一个数字：101
输入第二个数字：56
101 + 56 = 157

4.2 参数传递

4.2.1 参数传递对象

Python 函数的参数传递对象分为两种类型：不可变对象和可变对象。其中 Strings、Tuple、和 Number 是不可变（不可修改）的对象，而 List、Dictonary 等则是可变（可以修改）的对象。

- 不可变对象：变量赋值 a=5 后再赋值 a=10，这里实际是新生成一个 int 值对象 10，再让 a 指向它，而 5 被丢弃，不是改变 a 的值，相当于新生成了 a。
- 可变对象：List 变量赋值 la=[1,2,3,4]后再赋值 la[2]=5，则是将 la 的第三个元素值更改，la 本身没有改动，只是其内部的一部分值被修改了。

1. 传递不可变对象

不可变对象参数，如整数、字符串、元组。在 fun(a)函数中，传递的只是 a 的值，没有影响 a 对象本身。例如在 fun(a)内部修改 a 的值，只是修改另一个复制的对象，不会影响 a 本身。

【例 4-4】传递不可变对象类型。实例代码如下：

```
#!/usr/bin/python3

def ChangeInt( a ):
    a = 10

b = 2
ChangeInt(b)
print( b )
```

以上程序运行结果为：

2

以上实例中有 int 对象 2，指向它的变量是 b，在传递给 ChangeInt 函数时，按传值的方式复制了变量 b，a 和 b 都指向了同一个 int 对象。在 a=10 时，则新生成一个 int 值对象 10，并让 a 指向它。

2. 传递可变对象

可变类型参数对象，如列表、字典。在 fun(la)函数中，则是将 la 本身传过去，修改后 fun 外部的 la 也会受影响。

【例 4-5】传递不可变对象类型。实例代码如下：

```
#!/usr/bin/python3

#修改传入的列表
def changeme( mylist ):
    mylist.append([1,2,3,4])
    print ("函数内取值： ", mylist)
    return

# 调用 changeme 函数
mylist = [10,20,30]
```

```
        changeme( mylist )
        print ("函数外取值：", mylist)
```
以上程序运行结果为：

    函数内取值：[10, 20, 30, [1, 2, 3, 4]]
    函数外取值：[10, 20, 30, [1, 2, 3, 4]]

以上实例中传入函数的和在末尾添加新内容的对象用的是同一个引用。

4.2.2 参数传递类型

Python 调用函数时可使用的正式参数类型有四种：必需参数、关键字参数、默认参数和不定长参数。

1. 必需参数

必需参数须以正确的顺序传入函数，调用时的数量必须和声明时的相同。

【例 4-6】传递必需参数。实例代码如下：

```
#!/usr/bin/python3

#打印任何传入的字符串
def printme( str ):
    print (str)
    return

#调用 printme 函数
printme()
```

以上实例输出结果会报错，程序运行结果为：

    Traceback (most recent call last):
      File "test.py", line 10, in <module>
        printme()
    TypeError: printme() missing 1 required positional argument: 'str'

以上实例调用 printme()函数时，必须传入一个参数，否则会出现语法错误。

【例 4-7】求两个数的最大公约数。实例代码如下：

```
#!/usr/bin/python3

# 定义一个函数
def hcf(x, y):

    # 获取最小值
    if x > y:
        smaller = y
    else:
        smaller = x

    for i in range(1,smaller + 1):
        if((x % i == 0) and (y % i == 0)):
            hcf = i
```

```
        return hcf


# 用户输入两个数字
num1 = int(input("输入第一个数字："))
num2 = int(input("输入第二个数字："))

print( num1,"和", num2,"的最大公约数为", hcf(num1, num2))
```
以上程序运行结果为：
```
输入第一个数字：145
输入第二个数字：24
145 和 24 的最大公约数为 1
```
2. 关键字参数

关键字参数和函数调用关系紧密，函数调用使用关键字参数来确定传入的参数值。使用关键字参数允许函数调用时参数的顺序与声明时不一致，因为 Python 解释器能够用参数名匹配参数值。

【例 4-8】传递关键字参数，实例代码如下：
```
#!/usr/bin/python3

#打印任何传入的字符串
def printme( str ):
    print (str);
    return;

#调用 printme 函数
printme( str = "python")
```
以上程序运行结果为：
```
python
```
【例 4-9】函数参数的使用不需要使用指定顺序的情况，实例代码如下：
```
#!/usr/bin/python3

#可写函数说明
def printinfo( name, age ):
"打印任何传入的字符串"
    print ("名字： ", name)
    print ("年龄： ", age)
    return

#调用 printinfo 函数
printinfo( age=50, name="runman" );
```
以上程序运行结果为：
```
名字：runman
年龄：50
```

3. 默认参数

调用函数时，如果没有传递参数，则会使用默认参数。

【例 4-10】在 printinfo() 函数中，没有传入 age 参数，则使用默认值。实例代码如下：

```
#!/usr/bin/python3

#可写函数说明
def printinfo( name, age = 35 ):
#打印任何传入的字符串
    print ("名字: ", name);
    print ("年龄: ", age);
    return;

#调用 printinfo 函数
printinfo( age=50, name="runman" );
print ("------------------------")
printinfo( name="runman" );
```

以上程序运行结果为：

```
名字：runman
年龄：50
------------------------
名字： runman
年龄： 35
```

4. 不定长参数

如果一个函数能处理比当初声明时更多的参数，这些参数叫做不定长参数。与上述关键字参数和默认参数不同，不定长参数声明时不用命名。基本语法如下：

```
def functionname([formal_args,] *var_args_tuple ):
    function_suite
    return [expression]
```

注意：加了星号（*）的变量名所代表的变量会存放所有未命名的变量参数。

【例 4-11】不定长参数传递。实例代码如下：

```
#!/usr/bin/python3

# 可写函数说明
def printinfo( arg1, *vartuple ):
    print (arg1)
    for var in vartuple:
        print (var)
    return;

# 调用 printinfo 函数
printinfo( 10 );
printinfo( 70, 60 );
```

以上程序运行结果为：
    10
    70
    60
以上实例中函数调用时没有指定参数，它就是一个空元组。也可以不向函数传递未命名的变量。

4.3 匿名函数

所谓匿名函数就是不再使用 def 语句这样标准的形式定义的函数。

Python 使用 lambda 来创建匿名函数。lambda 只是一个表达式，函数体比 def 简单很多。lambda 的主体是一个表达式，而不是一个代码块。在 lambda 表达式中仅仅能封装有限的逻辑进去。lambda 函数拥有自己的命名空间，且不能访问自己参数列表之外或全局命名空间里的参数。lambda 函数的语法只包含一个语句，如下所示：

lambda [arg1 [,arg2,...argn]]:expression

【例 4-12】匿名函数。实例代码如下：

```
#!/usr/bin/python3

# 可写函数说明
sum = lambda arg1, arg2: arg1 + arg2;

# 调用 sum 函数
print ("相加后的值为：", sum( 10, 20 ))
print ("相加后的值为：", sum( 20, 20 ))
```

以上程序运行结果为：
    相加后的值为：30
    相加后的值为：40

4.4 返回值

return 语句用于退出函数，选择性地向调用方返回一个表达式，不带参数值的 return 语句返回 None。

【例 4-13】return 语句。实例代码如下：

```
#!/usr/bin/python3

# 可写函数说明
def sum( arg1, arg2 ):
    # 返回两个参数的和
    total = arg1 + arg2
    print ("函数内：", total)
    return total;
```

```
# 调用 sum 函数
total = sum( 10, 20 );
print ("函数外：", total)
```
以上程序运行结果为：
```
函数内：30
函数外：30
```

4.5 变量作用域

4.5.1 作用域的范围

Python 中的程序变量并不是在哪个位置都可以被访问的，其作用域取决于这个变量是在哪里被定义的。

变量的作用域决定了哪一部分程序可以访问哪个特定的变量。Python 中的变量作用域一共有四种，分别是：

- L（Local）：局部作用域
- E（Enclosing）：闭包函数外的函数中
- G（Global）：全局作用域
- B（Built-in）：内建作用域

以 L→E→G→B 的规则查找，在局部找不到便去局部外的局部找，再找不到就去全局找，还找不到就去内建中找。下述代码块显示了变量作用域的范围：

```
x = int(2.9)            # 内建作用域
g_count = 0             # 全局作用域
def outer():
    o_count = 1         # 闭包函数外的函数中
    def inner():
        i_count = 2     # 局部作用域
```

Python 中只有模块（module）、类（class）以及函数（def、lambda）才会引入新的作用域，其他的代码块（如 if/elif/else/、try/except、for/while 等）是不会引入新的作用域的，也就是说这这些语句内定义的变量，外部也可以访问。

4.5.2 全局变量和局部变量

定义在函数内部的变量拥有局部作用域，定义在函数外部的变量拥有全局作用域。

局部变量只能在其被声明的函数内部被访问，而全局变量可以在整个程序范围内被访问。调用函数时，所有在函数内声明的变量都将被加入到作用域中。

【例 4-14】全局变量和局部变量的作用域。实例代码如下：

```
#!/usr/bin/python3

total = 0;                     # 这是一个全局变量
# 可写函数说明
def sum( arg1, arg2 ):
```

```
            #返回二个参数的和
            total = arg1 + arg2;              # total 在这里是局部变量
            print ("函数内是局部变量：", total)
            return total;

        #调用 sum 函数
        sum( 10, 20 );
        print ("函数外是全局变量：", total)
```
以上程序运行结果为：
    函数内是局部变量：30
    函数外是全局变量：0

4.5.3　global 和 nonlocal 关键字

如果想把变量的作用域由内部修改为外部时，就要用到 global 和 nonlocal 关键字了。其中 global 关键字可以把内部变量修改为全局变量，nonlocal 关键字可以把内部变量修改为闭包函数外的变量。

【例 4-15】把局部变量 num 修改为全局变量。实例代码如下：

```
#!/usr/bin/python3

num = 1
def fun1():
    global num      # 需要使用 global 关键字声明
    print(num)
    num = 123
    print(num)
fun1()
```
以上程序运行结果为：
    1
    123

【例 4-16】把局部变量 num 修改为闭包外函数变量。实例代码如下：

```
#!/usr/bin/python3

def outer():
    num = 10
    def inner():
        nonlocal num    # nonlocal 关键字声明
        num = 100
        print(num)
    inner()
    print(num)
outer()
```
以上程序运行结果为：
    100
    100

【例 4-17】 修改未定义的变量程序将会报错。实例代码如下：

```
#!/usr/bin/python3

a = 10
def test():
    a = a + 1
    print(a)
test()
```

以上程序运行结果为：

```
Traceback (most recent call last):
  File "test.py", line 7, in <module>
    test()
  File "test.py", line 5, in test
    a = a + 1
UnboundLocalError: local variable 'a' referenced before assignment
```

以上实例中，因为 test()函数中的 a 是局部变量，未定义，无法修改，因而程序运行后会报错。

4.6 模块

4.6.1 模块定义

Python 提供了一个方法，可以把事先定义的方法和变量存放在文件中，作为一些脚本或者交互式的解释器程序使用，这个文件被称为模块。模块是一个包含所有你定义的函数和变量的文件，其后缀是.py。模块可以被别的程序引入，以使用该模块中的函数等功能，这也是使用 Python 标准库的方法。

【例 4-18】 使用 Python 标准库中的一个模块。实例代码如下：

```
#!/usr/bin/python3
# 文件名: using_sys.py

import sys

print('命令行参数如下：')
for i in sys.argv:
    print(i)

print('\n\nPython 路径为：', sys.path, '\n')
```

以上程序运行结果为：

命令行参数如下：
C:/Users/57877/AppData/Local/Programs/Python/Python36/1..py

Python 路径为： ['C:/Users/57877/AppData/Local/Programs/Python/Python36',
'C:\\Users\\57877\\AppData\\Local\\Programs\\Python\\Python36\\Lib\\idlelib',

'C:\\Users\\57877\\AppData\\Local\\Programs\\Python\\Python36\\python36.zip',
'C:\\Users\\57877\\AppData\\Local\\Programs\\Python\\Python36\\DLLs',
'C:\\Users\\57877\\AppData\\Local\\Programs\\Python\\Python36\\lib',
'C:\\Users\\57877\\AppData\\Local\\Programs\\Python\\Python36',
'C:\\Users\\57877\\AppData\\Local\\Programs\\Python\\Python36\\lib\\site-packages',
'C:\\Users\\57877\\AppData\\Local\\Programs\\Python\\Python36\\lib\\site-packages\\pymysql-0.8.0-py3.6.egg']

在以上程序实例中：
- import sys 引入 Python 标准库中的 sys.py 模块。这是引入某一模块的方法。
- sys.argv 是一个包含命令行参数的列表。
- sys.path 包含了一个 Python 解释器自动查找所需模块的路径的列表。

4.6.2 模块导入

（1）import 语句

要导入 Python 源文件，只需在另一个源文件里执行 import 语句，语法如下：

```
import module1[, module2[,... moduleN]
```

当解释器遇到 import 语句时，如果模块在当前的搜索路径它就会被导入。搜索路径是解释器先进行搜索的所有目录的列表。例如想要导入模块 support，需要把导入模块的命令放在脚本的顶端。

【例 4-19】support.py 文件作为模块被使用。实例代码如下：

```
#!/usr/bin/python3
# Filename: support.py

def print_func( par ):
    print ("Hello : ", par)
    return

#在 test.py 中引入 support 模块
#!/usr/bin/python3
# Filename: test.py

# 导入模块
import support
# 现在可以调用模块里包含的函数了
support.print_func("Runman")
```

以上程序的运行结果为：

Hello :   Runman

不管执行多少次 import，一个模块只会被导入一次。这样可以防止导入模块被一遍又一遍地执行。Python 解释器通过搜索路径找到对应的导入文件。搜索路径是由一系列目录名组成的，Python 解释器依次从这些目录中去寻找所要导入的模块。搜索路径是在 Python 编译或安装的时候确定的，它被存储在 sys 模块中的 path 变量，可以在交互式解释器中输入以下代码来确定 path 变量所代表的路径：

```
>>> import sys
>>> sys.path
['', '/usr/lib/python3.4', '/usr/lib/python3.4/plat-x86_64-linux-gnu', '/usr/lib/python3.4/lib-dynload',
'/usr/local/lib/python3.4/dist-packages', '/usr/lib/python3/dist-packages']
>>>
```

（2）from…import 语句

Python 的 from 语句可以从模块中导入一个指定的部分到当前命名空间中，语法如下：

from modname import name1[, name2[,... nameN]]

这个语句不会把整个模块导入到当前的命名空间中，它只会将模块里的 modle1 和 modle2 等函数引入进来。

（3）from…import* 语句

把一个模块的所有内容全都导入到当前的命名空间也是可行的，语法如下：

from modname import*

这是一个用来导入模块中的所有项目的简单方法。

4.7　标准模块

Python 本身带着一些标准的模块库，有些模块直接被构建在解析器里。这些虽然不是语言内置的一些功能，却被很高效地使用，甚至可以作为系统级调用。这些组件会根据不同的操作系统进行不同形式的配置，比如模块 winreg 就只提供给 Windows 系统。

其中有一个特别的模块 sys，它内置在每一个 Python 解析器中。变量 sys.ps1 和 sys.ps2 定义了主提示符和副提示符所对应的字符串输出。在交互式解释器中输出如下：

```
>>> import sys
>>> sys.ps1
'>>> '
>>> sys.ps2
'... '
>>> sys.ps1 = 'C > '
C > print('Yuck!')
Yuck!
C >
```

4.8　时间模块

Python 程序能用很多方式处理时间和日期，转换时间和日期格式是一个常见的功能。Python 提供了 time 和 calendar 模块用于格式化时间和日期。时间间隔是以秒为单位的浮点小数。

4.8.1　时间戳

每个时间戳都以从 1970 年 1 月 1 日午夜起经过了多长时间来表示。Python 的 time 模块下有很多函数可以转换常见日期格式。

函数 time.time()用于获取当前时间戳。

【例 4-20】获取当前时间戳。实例代码如下：

```
#!/usr/bin/python3

# 引入 time 模块
import time;
ticks = time.time()
print ("当前时间戳为： ", ticks)
```

以上程序运行结果为：

当前时间戳为：1515035226.1016746

4.8.2 获取当前时间

很多 Python 函数用一个元组装起来的 9 组数字处理时间。从返回浮点数的时间辍方式向时间元组转换，只要将浮点数传递给如 localtime 之类的函数。

函数 localtime()用于获取当前时间。

【例 4-21】获取当前时间。实例代码如下：

```
#!/usr/bin/python3

import time
localtime = time.localtime(time.time())
print ("本地时间为： ", localtime)
```

以上程序运行结果为：

当本地时间为：time.struct_time(tm_year=2018, tm_mon=1, tm_mday=4, tm_hour=11, tm_min=12, tm_sec=21, tm_wday=3, tm_yday=4, tm_isdst=0

4.8.3 获取格式化时间

Python 中可以根据需求选取各种时间格式，最简单的获取可读的时间模式的函数是 asctime()，用于获取格式化时间。

【例 4-22】获取格式化时间。实例代码如下：

```
#!/usr/bin/python3

import time
localtime = time.asctime( time.localtime(time.time()) )
print ("本地时间为： ", localtime)
```

以上程序运行结果为：

本地时间为：Thu Jan 4 11:17:10 2018

4.8.4 格式化日期

Python 中可以使用 time 模块的 strftime()函数来格式化日期。函数 strftime()用于获取格式化日期。

【例 4-23】获取格式化日期。实例代码如下：

```
#!/usr/bin/python3
```

```
import time
# 格式化成 2016-03-20 11:45:39 形式
print (time.strftime("%Y-%m-%d %H:%M:%S", time.localtime()))
# 格式化成 Sat Mar 28 22:24:24 2016 形式
print (time.strftime("%a %b %d %H:%M:%S %Y", time.localtime()))
# 将格式字符串转换为时间戳
a = "Sat Mar 28 22:24:24 2016"
print (time.mktime(time.strptime(a,"%a %b %d %H:%M:%S %Y")))
```

以上程序运行结果为：

2018-01-04 11:23:57
Thu Jan 04 11:23:57 2018
1459175064.0

Python 中时间日期格式化对应的符号见表 4-1。

表 4-1 时间日期格式化对应符号

符号	时间日期	符号	时间日期
%y	两位数的年份表示（00～99）	%Y	四位数的年份表示（0000～9999）
%m	月份（01～12）	%d	月内中的一天（0～31）
%H	24 小时制小时数（0～23）	%I	12 小时制小时数（01～12）
%M	分钟数（00～59）	%S	秒（00～59）
%a	本地简化星期名称	%A	本地完整星期名称
%b	本地简化的月份名称	%B	本地完整的月份名称
%c	本地相应的日期表示和时间表示	%j	年内的一天（001～366）
%p	本地 A.M.或 P.M.的等价符	%U	一年中的星期数（00～53）星期天为星期的开始
%w	星期几（0～6），星期天为星期的开始	%W	一年中的星期数（00～53）星期一为星期的开始
%x	本地相应的日期表示	%X	本地相应的时间表示
%Z	当前时区的名称	%%	%号本身

【例 4-24】获取昨天日期。实例代码如下：

```
#!/usr/bin/python3

# 引入 datetime 模块
import datetime
def getYesterday():
    today=datetime.date.today()
    oneday=datetime.timedelta(days=1)
    yesterday=today-oneday
    return yesterday

# 输出
print(getYesterday())
```

以上程序运行结果为：

2018-03-18

4.8.5　获取某月日历

Calendar 模块中包含有大量的函数用来处理年历和月历。

【例 4-25】生成某月的日历。实例代码如下：

```
#!/usr/bin/python3

import calendar
cal = calendar.month(2018, 3)
print ("输出 2018 年 3 月份的日历：")
print (cal)
```

以上程序运行结果为：

```
输出 2018 年 3 月份的日历：
      March 2018
Mo Tu We Th Fr Sa Su
          1  2  3  4
 5  6  7  8  9 10 11
12 13 14 15 16 17 18
19 20 21 22 23 24 25
26 27 28 29 30 31
```

【例 4-26】计算某月天数。实例代码如下：

```
#!/usr/bin/python3

import calendar
monthRange = calendar.monthrange(2018,3)
print(monthRange)
```

以上程序运行结果为：

(3, 31)

习　　题

一、填空题

1．每一个 Python 的_____都可以被当作一个模块。导入模块要使用关键字_____。

2．Python 中定义函数的关键字是_____。

3．在函数内部可以通过关键字_____来定义全局变量。

4．如果函数中没有 return 语句或者 return 语句不带任何返回值，那么该函数的返回值为_____。

5．表达式 sum(range(10))的值为_____。

6．表达式 sum(range(1, 10, 2)) 的值为_____。

7．Python 关键字 elif 表示_____和_____两个单词的缩写。

二、判断题

1．尽管可以使用 import 语句一次导入任意多个标准库或扩展库，但是仍建议每次只导入一个标准库或扩展库。（   ）

2．为了让代码更加紧凑，编写 Python 程序时应尽量避免加入空格和空行。（   ）

3．定义函数时，即使该函数不需要接收任何参数，也必须保留一对空的圆括号来表示这是一个函数。（   ）

4．编写函数时，一般建议先对参数进行合法性检查，然后再编写正常的功能代码。
（   ）

5．一个函数如果带有默认值参数，那么必须所有参数都设置默认值。（   ）

6．定义 Python 函数时必须指定函数返回值类型。（   ）

7．定义 Python 函数时，如果函数中没有 return 语句，则默认返回空值 None。（   ）

8．如果在函数中有语句 return 3，那么该函数一定会返回整数 3。（   ）

9．函数中必须包含 return 语句。（   ）

10．函数中的 return 语句一定能够得到执行。（   ）

11．不同作用域中的同名变量之间互相不影响，也就是说，在不同的作用域内可以定义同名的变量。（   ）

12．全局变量会增加不同函数之间的隐式耦合度，从而降低代码可读性，因此应尽量避免过多使用全局变量。（   ）

13．当函数调用结束后，函数内部定义的局部变量被自动删除。（   ）

14．在函数内部，既可以使用 global 来声明使用外部全局变量，也可以使用 global 直接定义全局变量。（   ）

15．在函数内部没有办法定义全局变量。（   ）

16．在函数内部直接修改形参的值并不影响外部实参的值。（   ）

17．在函数内部没有任何方法可以影响实参的值。（   ）

18．调用带有默认值参数的函数时，不能为默认值参数传递任何值，必须使用函数定义时设置的默认值。（   ）

19．在同一个作用域内，局部变量会隐藏同名的全局变量。（   ）

20．形参可以看作是函数内部的局部变量，函数运行结束之后形参就不可访问了。
（   ）

三、简答题

在 Python 里导入模块中的对象有哪几种方式？

第 5 章　输入输出和文件

在前面几个章节中，我们其实已经接触了 Python 的输入输出的基本功能。但是 Python 内置了读写文件的函数，有强大的输入和输出功能，同时能够灵活地进行文件处理。

本章学习重点：

- 输入输出函数
- 文件内建函数
- 文件对象操作

5.1　输入输出

Python 可以有多种方法表现程序的输出结果。可以用可读的方式打印数据，也可以将数据写入文件供将来使用。接下来我们学习几种可行的方法。

5.1.1　输出格式

Python 有两种输出值方法：表达式语句和 print 语句，第三种方法是使用文件对象的 write() 方法，标准文件输出可以参考 sys.stdout。如果希望输出的形式更加多样，可以使用 str.format() 函数来格式化输出值。

1. print()函数

print()函数用于打印输出，是最常见的一个函数，它无返回值。print()函数的语法如下：

   print(*objects, sep=' ', end='\n', file=sys.stdout)

参数说明：

- objects：表示可以一次输出多个对象。输出多个对象时，需要用"，"分隔。
- sep：在输出字符串之间插入指定字符串，默认是空格。
- end：在输出语句的结尾加上指定字符串，默认是换行（\n）。
- file：要写入的文件对象。

【例 5-1】在交互模式下使用 print()函数。实例代码如下：

```
>>> print("Hello World")
Hello World
>>> a = 123
>>> b = 'runman'
>>> print(a,b)
123 runman
>>>print("a",end="$")
a$
>>> print("aaa""bbb")
aaabbb
```

```
>>> print("aaa","bbb")
aaa bbb
>>> print("www","runman","com",sep=".")    # 设置间隔符
www.runman.com
>>>str = "the length of (%s) is %d" %('runoob',len('runman'))
>>> print(str)
the length of (runman) is 6
```

2. repr()函数和 str()函数

可以使用 repr()函数或 str()函数来实现将输出的值转成字符串。其中 str()函数返回一个用户易读的表达形式；repr()产生一个解释器易读的表达形式。

【例 5-2】在交互模式下输出格式。实例代码如下：

```
>>> s = 'Hello, Runman'
>>> str(s)
'Hello, Runman'
>>> repr(s)
"'Hello, Runman'"
>>> str(1/7)
'0.14285714285714285'
>>> x = 10 * 3.25
>>> y = 200 * 200
>>> s = 'x 的值为： ' + repr(x) + ',  y 的值为： ' + repr(y) + '...'
>>> print(s)
x 的值为： 32.5,  y 的值为：40000   '...'
>>> #   repr()函数可以转义字符串中的特殊字符
... hello = 'hello, runman\n'
>>> hellos = repr(hello)
>>> print(hellos)
'hello, runman\n'
>>> # repr()的参数可以是 Python 的任何对象
... repr((x, y, ('Google', 'Runman')))
"(32.5, 40000, ('Google', 'Runman'))"
```

3. rjust()函数

rjust()函数用来返回一个原字符串右对齐，并使用空格填充至长度为 width 的新字符串。如果指定的长度小于字符串的长度则返回原字符串。rjust()方法的语法格式如下：

```
str.rjust(width[, fillchar])
```

参数说明：

- width：指定填充指定字符后字符串的总长度。
- fillchar：填充的字符，默认为空格。

返回值：返回一个原字符串右对齐，并使用空格填充至长度为 width 的新字符串。如果指定的长度小于字符串的长度则返回原字符串。

【例 5-3】使用 repr()和 rjust()函数，计算 1 到 10 的平方数和立方数。实例代码如下：

```
#!/usr/bin/python

for x in range(1, 11):
    print(repr(x).rjust(2), repr(x*x).rjust(3), end=' ')
```

```
        # end=' '代表不换行
        print(repr(x*x*x).rjust(4))
```
以上程序运行结果为：
```
 1    1    1
 2    4    8
 3    9   27
 4   16   64
 5   25  125
 6   36  216
 7   49  343
 8   64  512
 9   81  729
10  100 1000
```

其中，rjust()方法可以将字符串右对齐，并在左边填充空格；还有类似的方法，如 ljust()和 center()，这些方法并不会填充任何东西，它们仅仅返回新的字符串；另一个方法是 zfill()，它会在数字的左边填充 0。

5.1.2 键盘输入

Python 提供了 input()内置函数，从标准输入读入一行文本，默认的标准输入是键盘。Input()可以接收一个 Python 表达式作为输入，并将运算结果返回。input()所有形式的输入按字符串处理，如果想要得到其他类型的数据，可进行强制类型转化。

【例 5-4】使用 input()函数输入字符串。实例代码如下：
```
#!/usr/bin/python3

str = input("请输入：")
print ("你输入的内容是：", str)
```
以上程序运行结果为：
```
请输入：runman
你输入的内容是： runman
```
【例 5-5】使用 input()函数输入整数。实例代码如下：
```
#!/usr/bin/python3

age=int(input("请输入年龄："))
print ("你输入的年龄是：", age)
```
以上程序运行结果为：
```
请输入年龄：20
你输入的年龄是：20
```

5.2 文件操作

5.2.1 open()函数

open()函数是 Python 的内建函数，用于返回一个文件对象。open()函数的基本语法格式如下：

open(filename, mode)

参数说明:
- filename:要访问的文件名称的字符串值。
- mode:决定了打开文件的模式:只读、写入、追加等。该参数是非强制的,默认的文件访问模式为只读(r)。

以不同模式打开文件的情况见表 5-1。

表 5-1 文件的打开模式

模式	描述
r	以只读方式打开文件。文件的指针将会放在文件的开头。这是默认模式
rb	以二进制格式打开一个文件用于只读。文件指针将会放在文件的开头。这是默认模式
r+	打开一个文件用于读写。文件指针将会放在文件的开头
rb+	以二进制格式打开一个文件用于读写。文件指针将会放在文件的开头
w	打开一个文件只用于写入。如果该文件已存在则将其覆盖;如果该文件不存在则创建新文件
wb	以二进制格式打开一个文件只用于写入。如果该文件已存在则将其覆盖;如果该文件不存在则创建新文件
w+	打开一个文件用于读写。如果该文件已存在则将其覆盖;如果该文件不存在则创建新文件
wb+	以二进制格式打开一个文件用于读写。如果该文件已存在则将其覆盖;如果该文件不存在则创建新文件
a	打开一个文件用于追加。如果该文件已存在,文件指针将会放在文件的结尾,也就是说新的内容将会被写入到已有内容之后;如果该文件不存在则创建新文件
ab	以二进制格式打开一个文件用于追加。如果该文件已存在,文件指针将会放在文件的结尾,也就是说,新的内容将会被写入到已有内容之后;如果该文件不存在则创建新文件
a+	打开一个文件用于读写。如果该文件已存在,文件指针将会放在文件的结尾,文件打开时会是追加模式;如果该文件不存在则创建新文件
ab+	以二进制格式打开一个文件用于追加。如果该文件已存在,文件指针将会放在文件的结尾;如果该文件不存在则创建新文件

【例 5-6】使用 open()函数在文件中写入字符串。实例代码如下:

```
#!/usr/bin/python3

#在 D 盘根目录下新建一个文本文档 foo.txt
f = open("d:/foo.txt", "w")
#在文本文档中写入字符串
f.write( "Python 是一个非常好的语言。\n 是的,的确非常好!\n" )
# 关闭打开的文件
f.close()
```

5.2.2　close()函数

文件对象的 close()函数可以刷新任何未写入文件的信息并关闭文件对象,之后不能再对文件进行写入操作。当文件的引用对象被分配给另一个文件时,Python 会自动关闭当前引用的文件。open()函数的基本语法格式如下：

　　　　fileObject.close()

参数说明：

fileObject：打开的文件对象。

【例 5-7】使用 close()函数关闭文件。实例代码如下：

```
#!/usr/bin/python3

#打开文件
fo = open("d:/foo.txt", "wb")

# 关闭文件
fo.close()

print ("Close of the file: ", fo.name)
```

以上程序运行结果为：

　　　　Close of the file: d:/foo.txt

5.2.3 文件对象属性

打开一个文件后，可以获得与该文件相关的各种信息。表 5-2 所述是与文件对象相关的属性。

表 5-2 文件对象的相关属性

属性	描述
file.closed	如果文件关闭则返回 True，否则返回 False
file.mode	返回打开文件的访问模式
file.name	返回文件的名称

【例 5-8】获取文件的相关属性。实例代码如下：

```
#!/usr/bin/python3

# 打开文件
fo = open("foo.txt", "wb")

print ("Name of the file: ", fo.name)
print ("Closed or not : ", fo.closed)
print ("Opening mode : ", fo.mode)

fo.close()
```

以上程序运行结果为：

　　　　Name of the file: foo.txt
　　　　Closed or not :   False
　　　　Opening mode :   wb

5.3 文件对象操作

5.3.1 read()函数

read()函数用于读取一个文件的内容。f.read(size)可以读取 f 文件中的数据，以字符串或字节对象返回。其中 size 是一个可选的数字类型的参数，用来指定字符串长度。当 size 被忽略了或者为负数时，那么该文件的所有内容都将被读取并且返回。

在接下来的例子中，假设已经创建了一个名为 fo 的文件对象。通过调用不同函数的方法，可以对 fo 文件的内容进行相应的操作。

【例 5-9】调用 read()函数读取 foo.txt 文件内容。实例代码如下：

```
#!/usr/bin/python3

# 打开一个文件
fo = open("d:/foo.txt", "r")
str = fo.read()
print(str)

# 关闭打开的文件
fo.close()
```

以上程序运行结果为：

Python 是一个非常好的语言。
是的，的确非常好!!

5.3.2 write()函数

在 Python 中 write() 方法用于向文件中写入指定字符串。在文件关闭前或缓冲区刷新前，字符串内容存储在缓冲区中，这时在文件中是看不到写入的内容的。write()函数的基本语法格式如下：

fileObject.write([str])

参数说明：
- str：要写入文件的字符串。
- 返回值：无。

【例 5-10】调用 write()函数将内容写入 foo.txt 文件。实例代码如下：

```
#!/usr/bin/python3

# 打开文件
fo = open("d:/foo.txt", "r+")
print ("文件名: ", fo.name)

str = "2:www.runman.com"

# 在文件末尾写入一行
```

```
            fo.seek(0, 2)
            line = fo.write( str )

            # 读取文件所有内容
            fo.seek(0,0)
            for index in range(6):
                line = next(fo)
                print ("文件行号 %d - %s" % (index, line))

            # 关闭文件
            fo.close()
```
以上程序运行结果为：
    文件名： d:/foo.txt
    文件行号 0 - 2:www.runman.com2:www.runman.com

5.3.3 readline()函数

readline()函数用于从文件读取整行，包括 "\n" 字符。如果指定了一个非负数的参数，则返回指定大小的字节数，包括 "\n" 字符。readline()函数的基本语法格式如下：

        fileObject.readline(size)

参数说明：

size：从文件中读取的字节数。

【例 5-11】读取文件中的内容。实例代码如下：

```
            #!/usr/bin/python

            # 打开文件
            fo = open("d:/foo.txt", "r+")
            print ("文件名为： ", fo.name)

            line = fo.readline()
            print ("读取第一行 %s" % (line))

            line = fo.readline(6)
            print ("读取的字符串为：%s" % (line))

            # 关闭文件
            fo.close()
```
以上程序运行结果为：
    文件名为: d:/foo.txt
    读取第一行 2:www.runman.com2:www.runman.com

    读取的字符串为：Python

5.3.4 next()函数

Python 3.0 中的文件对象不支持 next()方法。Python 3.0 的内置函数 next()通过迭代器调用

next()方法返回下一项。在循环中，next()方法会在每次循环中调用，该方法返回文件的下一行。next()函数的基本语法格式如下：

  next(iterator[,default])

参数说明

default：默认文件对象。

【例 5-12】next()函数读取文件中的内容。实例代码如下：

```
#!/Usr/bin/python3

# 打开文件
fo = open("d:/foo.txt", "r")
print ("文件名为： ", fo.name)

for index in range(4):
    line = next(fo)
    print ("第 %d 行 - %s" % (index, line))

# 关闭文件
fo.close()
```

以上程序运行结果为：

  文件名为：d:/foo.txt
  第 0 行 - 2:www.runman.com2:www.runman.com
  第 1 行 - Python is very good！
  Traceback (most recent call last):
    File "C:/Users/57877/AppData/Local/Programs/Python/Python36/1..py", line 10, in <module>
      line = next(fo)
  StopIteration

以上输出结果中，由于原文件 foo.txt 中只有 2 行内容，但是在程序中设计输出 4 行内容，所以会出现错误。

5.3.5　seek()函数

seek()函数用于将文件读取指针移动到指定位置。seek()函数的基本语法格式如下：

  fileObject.seek(offset[, whence])

参数说明：

- offset：开始的偏移量，也就是代表需要移动偏移的字节数。
- whence：可选，默认值为 0。给 offset 参数一个定义，表示要从哪个位置开始偏移。0 代表从文件开头开始算起；1 代表从当前位置开始算起；2 代表从文件末尾算起。
- 返回值：无。

【例 5-13】seek()函数读取文件中的内容。实例代码如下：

```
#!/usr/bin/python3

# 打开文件
fo = open("d:/foo.txt", "r+")
print ("文件名为： ", fo.name)
```

```
line = fo.readline()
print ("读取的数据为：%s" % (line))

# 重新设置文件读取指针到开头
fo.seek(0, 0)
line = fo.readline()
print ("读取的数据为：%s" % (line))


# 关闭文件
fo.close()
```

以上程序运行结果为：

> 文件名为：d:/foo.txt
> 读取的数据为： 2:www.runman.com2:www.runman.com
>
> 读取的数据为： 2:www.runman.com2:www.runman.com

5.3.6　tell()函数

tell()函数返回文件的当前位置，即文件指针当前位置。tell()函数的基本语法格式如下：

> fileObject.tell(offset[, whence])

参数说明：

- offset：开始的偏移量，也就是代表需要移动偏移的字节数。
- whence：可选，默认值为 0。给 offset 参数一个定义，表示要从哪个位置开始偏移。0 代表从文件开头开始算起；1 代表从当前位置开始算起；2 代表从文件末尾算起。
- 返回值：无。

【例 5-14】tell()函数读取文件中的内容。实例代码如下：

```
#!/usr/bin/python3

# 打开文件
fo = open("d:/foo.txt", "r+")
print ("文件名为： ", fo.name)

line = fo.readline()
print ("读取的数据为：%s" % (line))

# 获取当前文件位置
pos = fo.tell()
print ("当前位置：%d" % (pos))

# 关闭文件
fo.close()
```

以上程序运行结果为：

  文件名为：d:/foo.txt

  读取的数据为：2:www.runman.com2:www.runman.com

  当前位置：34

习 题

一、填空题

1．tell()函数用于返回文件的_____。
2．Python 有两种输出值方法：_____语句和_____语句。
3．可以使用_____函数或_____函数来实现将输出的值转成字符串。
4．Python 内置函数_____用来打开或创建文件并返回文件对象。

二、选择题

1．在 Python 中打开一个文件用于读写，应该使用（　　）模式。
  A．w   B．rb+   C．rb   D．w+
2．readline(size)函数中，size 参数用于指明读取的（　　）。
  A．行数   B．字节数   C．二进制数 D．字符串数

三、编写程序

1．假设有一个英文文本文件，编写程序读取其内容，并将其中的大写字母变为小写字母，小写字母变为大写字母。

2．编写程序，用户输入一个目录和一个文件名，搜索该目录及其子目录中是否存在该文件。

第 6 章　面向对象编程

Python 从设计之初就已经是一门面向对象的语言，正因为如此，在 Python 中创建一个类和对象是很容易的。和其他编程语言相比，Python 在尽可能不增加新的语法和语义的情况下加入了类机制。

Python 中的类提供了面向对象编程的所有基本功能：类的继承机制允许多个基类；派生类可以覆盖基类中的任何方法；方法中可以调用基类中的同名方法；对象可以包含任意数量和类型的数据。

本章学习重点：
- 类的方法和属性
- 单继承
- 多继承
- 方法重载

6.1　创建类

6.1.1　类的定义

类（Class）是用来描述具有相同属性和方法的对象的集合。它定义了该集合中每个对象所共有的属性和方法，对象是类的实例。类变量在整个实例化的对象中是公用的，它定义在类中且在函数体之外。类变量通常不作为实例变量使用。类定义的语法格式如下：

```
class ClassName:
    <statement-1>
        ⋮
    <statement-N>
```

6.1.2　类的实例化

类对象支持两种操作：属性引用和实例化。属性引用是在创建一个类之后，通过类名访问其属性；实例化是创建一个类的实例，即类的具体对象。类实例化后，可以使用其属性。可以使用带有对象的点（.）运算符来访问对象的属性。

【例 6-1】创建一个类将其赋值给实例对象。实例代码如下：

```
#!/usr/bin/python3

class MyClass:
    """一个简单的类实例"""
    i = 'python'
```

```
    def f(self):
        return 'hello world'

# 实例化类
x = MyClass()

# 访问类的属性和方法
print("MyClass 类的属性 i 为：", x.i)
print("MyClass 类的方法 f 输出为：", x.f())
```
以上程序运行结果为：
MyClass 类的属性 i 为： python
MyClass 类的方法 f 输出为： hello world

6.1.3 类的方法

方法是类中定义的函数。类的方法与普通的函数有一个特别的区别是：它们必须有一个额外的第一个参数名称，按照惯例它的名称是 self。

【例 6-2】创建类的方法。实例代码如下：

```
#!/usr/bin/python3

class Test:
    def prt(self):
        print(self)
        print(self.__class__)

t = Test()
t.prt(
```

以上程序运行结果为：

    <__main__.Test object at 0x0000017CD55AB7F0>
    <class '__main__.Test'>

从执行结果可以看出，self 代表的是类的实例，代表当前对象的地址，而 self.class 则指向类。但是 self 不是 Python 关键字，把 self 换成其他字母也是可以正常执行的。

【例 6-3】创建类的方法，使用其他字母替代 self。实例代码如下：

```
#!/usr/bin/python3

class Test:
    def prt(runman):
        print(runman)
        print(runman.__class__)

t = Test()
t.prt()
```

以上程序运行结果为：

    <__main__.Test object at 0x000002B7F51BB748>
    <class '__main__.Test'>

6.1.4 构造方法

__init__()方法是一种特殊的方法,被称为类的构造方法或初始化方法,由于很多类都倾向于将对象创建为有初始状态的类,当创建类的实例时就会调用该方法。类的构造方法定义如下:

```
def __init__(self):
    self.data = [ ]
```

如果类定义了__init__()方法,类的实例化操作会自动调用__init__()方法,并且通过该方法将参数传递到类的实例化操作上。

【例6-4】用__init__()方法传递参数。实例代码如下:

```
#!/usr/bin/python3

class Complex:
    def __init__(self, real, imag):
        self.r = real
        self.i = imag

x = Complex(3.0, -4.5)
print(x.r, x.i)
```

以上程序运行结果为:

3.0 -4.5

6.1.5 私有属性和方法

可以在类定义的属性和方法前面加上双下划线,来定义类的私有属性和方法,私有属性和方法在类的外部无法被直接访问。

【例6-5】类中定义私有属性。实例代码如下:

```
#!/usr/bin/python3

#类定义
class people:
    #定义基本属性
    name = ''
    age = 0

    #定义私有属性,私有属性在类外部无法直接进行访问
    __weight = 0

    #定义构造方法
    def __init__(self,n,a,w):
        self.name = n
        self.age = a
        self.__weight = w
```

```
        def speak(self):
            print("%s 说:我 %d 岁。" %(self.name,self.age))
            print(self.__weight)

    # 实例化类
    p = people('runman',10,30)
    p.speak()
```

以上程序运行结果为:

```
runman 说:我 10 岁。
30
```

【例 6-6】类的私有属性在类的外部被使用时会报错。实例代码如下:

```
#!/usr/bin/python3

class JustCounter:

    __secretCount = 0    # 私有变量
    publicCount = 0      # 公开变量

    def count(self):
        self.__secretCount += 1
        self.publicCount += 1
        print (self.__secretCount)

counter = JustCounter()
counter.count()
counter.count()

print (counter.publicCount)
print (counter.__secretCount)   # 报错,实例不能访问私有变量
```

以上程序运行结果为:

```
1
2
2
Traceback (most recent call last):
  File "D:/anli", line 18, in <module>
    print (counter.__secretCount)   # 报错,实例不能访问私有变量
AttributeError: 'JustCounter' object has no attribute '__secretCount'
```

【例 6-7】类的私有方法在类的外部被使用时会报错。实例代码如下:

```
#!/usr/bin/python3

class Site:

    def __init__(self, name, url):
        self.name = name
        self.__url = url    # 私有属性
```

```
        def who(self):
            print('name   : ', self.name)
            print('url : ', self.__url)

        def __foo(self):              # 私有方法
            print('这是私有方法')

        def foo(self):
            print('这是公共方法')
            self.__foo()

    x = Site('python','runman')

    x.who()          # 正常输出
    x.foo()          # 正常输出
    x.__foo()        # 报错
```
以上程序运行结果为：

```
name   :  python
url :   runman
这是公共方法
这是私有方法
Traceback (most recent call last):
    File "D:/fuzhiyunsuanfu.py", line 22, in <module>
      x.__foo()         # 报错
AttributeError: 'Site' object has no attribute '__foo'
```

6.2 继承

6.2.1 继承的定义和特征

1. 继承的定义

继承是面向对象最显著的一个特性。继承是使用已存在的类的定义作为基础建立新类的技术，新类的定义可以增加新的数据或新的功能，也可以用父类的功能，但不能选择性地继承父类。这种技术使得复用以前的代码非常容易，能够大大缩短开发周期，降低开发费用。

例如可以先定义一个叫作车的类，车有以下属性：车体大小，颜色，方向盘，轮胎，又由车这个类派生出轿车和卡车两个类，为轿车添加一个小后备箱，而为卡车添加一个大货箱。Python 同样支持类的继承，派生类的定义如下所示：

```
class DerivedClassName(BaseClassName1):
    <statement-1>
        :
    <statement-N>
```

参数说明：

BaseClassName1：基类的名称。

2. 继承的特征

继承关系是传递的。若类 C 继承类 B，类 B 继承类 A，则类 C（多继承）既有从类 B 那里继承下来的属性与方法，也有从类 A 那里继承下来的属性与方法，还可以有自己新定义的属性和方法。继承来的属性和方法尽管是隐式的，但仍是类 C 的属性和方法。

因而继承具有以下特征：
- 继承是在一些比较一般的类的基础上构造、建立和扩充新类的最有效的手段。
- 继承简化了人们对事物的认识和描述，能清晰体现相关类间的层次结构关系。
- 继承提供了软件复用功能。若类 B 继承类 A，那么建立类 B 时只需要再描述与父类（类 A）不同的少量特征（数据成员和成员方法）即可。这种做法能减小代码和数据的冗余度，大大增加程序的复用性。
- 继承通过增强一致性来减少模块间的接口和界面，大大增加了程序的易维护性。
- 提供多继承机制。从理论上说，一个类可以是多个一般类的特殊类，它可以从多个一般类中继承属性与方法，这便是多继承。

6.2.2 单继承

单继承是指继承类是由一个基类派生而来的。子类继承其父类的属性，可以像子类中一样定义和使用它们。子类也可以从父类继承数据成员和方法。

【例 6-8】单继承类实例。实例代码如下：

```python
#!/usr/bin/python3

#类定义
class people:
    #定义基本属性
    name = ''
    age = 0

    #定义私有属性,私有属性在类外部无法直接进行访问
    __weight = 0

    #定义构造方法
    def __init__(self,n,a,w):
        self.name = n
        self.age = a
        self.__weight = w

    def speak(self):
        print("%s 说：我 %d 岁。" %(self.name,self.age))

#单继承示例
class student(people):
    grade = ''
```

```
            def __init__(self,n,a,w,g):

                #调用父类的构造函数
                people.__init__(self,n,a,w)
                self.grade = g

            #覆写父类的方法
            def speak(self):
                print("%s 说：我 %d 岁了，我在读 %d 年级"%(self.name,self.age,self.grade))

        s = student('ken',10,60,3)
        s.speak()
```

以上程序运行结果为：

```
ken 说：我 10 岁了，我在读 3 年级
```

6.2.3 多继承

Python 同样有限地支持多继承形式。多继承中一个子类可以同时继承多个父类。多继承类的定义形如下：

```
class DerivedClassName(Base1, Base2, Base3):
    <statement-1>
        .
        .
        .
    <statement-N>
```

参数说明：

Base：父类名称，若是父类中有相同的方法名，而在子类使用时未指定，Python 从左至右搜索。即方法在子类中未找到时，从左到右查找父类中是否包含此方法。

【例 6-9】多继承类实例。实例代码如下：

```
#!/usr/bin/python3

#类定义
class people:

    #定义基本属性
    name = ''
    age = 0

    #定义私有属性,私有属性在类外部无法直接进行访问
    __weight = 0

    #定义构造方法
    def __init__(self,n,a,w):
        self.name = n
        self.age = a
        self.__weight = w
```

```
    def speak(self):
        print("%s 说：我%d 岁。" %(self.name,self.age))

#单继承示例
class student(people):
    grade = ''
    def __init__(self,n,a,w,g):

        #调用父类的构函
        people.__init__(self,n,a,w)
        self.grade = g

    #覆写父类的方法
    def speak(self):
        print("%s 说：我%d 岁了，我在读%d 年级"%(self.name,self.age,self.grade))

#另一个类，多继承之前的准备
class speaker():

    topic = ''
    name = ''

    def __init__(self,n,t):
        self.name = n
        self.topic = t

    def speak(self):
        print("我叫%s，我是一个演说家，我演讲的主题是 %s"%(self.name,self.topic))

#多继承
class sample(speaker,student):
    a =''
    def __init__(self,n,a,w,g,t):
        student.__init__(self,n,a,w,g)
        speaker.__init__(self,n,t)

test = sample("Tim",25,80,4,"Python")

test.speak()    #方法名同，默认调用的是在括号中排前的父类的方法
```

以上程序运行结果为：

我叫 Tim，我是一个演说家，我演讲的主题是 Python

6.2.4　方法重写

如果父类方法的功能不能满足子类的需求，可以在子类重写父类的方法，这称之为方法重写。

【例 6-10】方法重写。实例代码如下：

```
#!/usr/bin/python3

class Parent:            # 定义父类
    def myMethod(self):
        print ('调用父类方法')

class Child(Parent):  # 定义子类
    def myMethod(self):
        print ('调用子类方法')

c = Child()              # 子类实例
c.myMethod()             # 子类调用重写方法
```

以上程序运行结果为：
调用子类方法

6.2.5 运算符重载

Python 同样支持运算符重载，可以对类的专有方法进行重载。假设已经创建了一个 Vector 类来表示二维向量。在进行二维向量的加法时，若还是使用专有的加号"+"运算符执行运算，就无法达到目的。因此可以在类中定义一个__add__方法来执行向量加法，按照期望行为那样执行加法运算。

【例 6-11】二维向量的加法重载。实例代码如下：

```
#!/usr/bin/python3

class Vector:
    def __init__(self, a, b):
        self.a = a
        self.b = b

    def __str__(self):
        return 'Vector (%d, %d)' % (self.a, self.b)

    #重载"+"运算符
    def __add__(self,other):
        return Vector(self.a+other.a, self.b+other.b)

v1 = Vector(2,10)
v2 = Vector(5,-2)
print (v1 + v2)
```

以上程序运行结果为：
Vector (7, 8)

【例6-12】三维向量的加法、减法和三维向量与标量的乘法、除法重载。实例代码如下：

```python
#!/usr/bin/python3

class Vecter3:

    def __init__(self,x=0,y=0,z=0):
        self.X = x
        self.Y = y
        self.Z = z

    #加法重载
    def __add__(self, n):
        r = Vecter3()
        r.X = self.X + n.X
        r.Y = self.Y + n.Y
        r.Z = self.Z + n.Z
        return r

    #减法重载
    def __sub__(self, n):
        r = Vecter3()
        r.X = self.X - n.X
        r.Y = self.Y - n.Y
        r.Z = self.Z - n.Z
        return r

    #乘法重载
    def __mul__(self,n):
        r = Vecter3()
        r.X = self.X * n
        r.Y = self.Y * n
        r.Z = self.Z * n
        return r
    #除法重载
    def __truediv__(self,n):
        r = Vecter3()
        r.X = self.X / n
        r.Y = self.Y / n
        r.Z = self.Z / n
        return r

    def show(self):
        print((self.X,self.Y,self.Z))

v1 = Vecter3(1,2,3)
```

```
v2 = Vecter3(4,5,6)
v3 = v1+v2
v3.show()
v4 = v1-v2
v4.show()
v5 = v1*3
v5.show()
v6 = v1/2
v6.show()
```

以上程序运行结果为:

(5,7,9)

(-3,-3,-3)

(3,6,9)

(0.5,1.0,1.5)

习 题

一、填空题

1. 类对象支持两种操作：_____ 和 _____。
2. __init__()方法是一种特殊的方法，被称为类的_____。
3. 可以在类定义的属性和方法前面加上_____来定义类的私有属性和方法。
4. 如果父类方法的功能不能满足子类的需求，可以在子类重写父类的方法，这称之为_____。
5. 继承关系是传递的。若类 C 继承类 B，类 B 继承类 A，则类 C（多继承）既有从类 B 那里继承下来的属性与方法，也有从类 A 那里继承下来的属性与方法，还可以有自己新定义的属性和方法。继承来的属性和方法尽管是隐式的，但仍是_____的属性和方法。

二、填空题

1. Python 中构造函数的名称是（ ）。
   A．与类同名　　　　B．self　　　　　C．_init_　　　　D．init
2. Python 中定义私有变量的方法是（ ）。
   A．使用 this 关键字
   B．使用 private 关键字
   C．__变量名
   D．变量名__

三、判断题

1. 定义类时所有实例方法的第一个参数用来表示对象本身，在类的外部通过对象名来调用实例方法时不需要为该参数传值。　　　　　　　　　　　　　　　　　　（　　）

2．在面向对象程序设计中，函数和方法是完全一样的，都必须为所有参数进行传值。

3．Python 中没有严格意义上的私有成员。　　　　　　　　　　　　　　　　（　　）

4．在 Python 中定义类时，运算符重载是通过重写特殊方法实现的。例如，在类中实现了 __mul__()方法即可支持该类对象的**运算符。　　　　　　　　　　　　　　（　　）

5．在派生类中可以通过"基类名.方法名()"的方式来调用基类中的方法。　　（　　）

6．Python 支持多继承，如果父类中有相同的方法名，而在子类中调用时没有指定父类名，则 Python 解释器将从左向右按顺序进行搜索。　　　　　　　　　　　　　　（　　）

第 7 章 GUI 编程

图形界面编程是目前程序设计中非常重要的一部分。Python 提供了多个图形界面开发的库,来满足用户对于图形界面开发的需要。几个常用的 Python GUI 库如下:

- Tkinter: Tkinter 模块(Tk 接口)是 Python 的标准 Tk GUI 工具包的接口。Tk 可以在大多数的 UNIX 平台下使用,同样也可以应用在 Windows 和 Macintosh 系统里。Tk8.0 的后续版本可以实现本地窗口风格,并良好地运行在绝大多数平台中。
- wxPython: wxPython 是一款开源软件,是 Python 语言的一套优秀的 GUI 图形库,允许 Python 程序员很方便地创建完整的、功能键全的 GUI 用户界面。
- Jython: Jython 程序可以和 Java 无缝集成。除了一些标准模块,Jython 使用 Java 的模块。Jython 几乎拥有标准的 Python 中不依赖于 C 语言的全部模块。比如,Jython 的用户界面将使用 Swing、AWT 或者 SWT。Jython 可以被动态或静态地编译成 Java 字节码。

本章学习重点:

- Tkinter 模块主要功能
- Tkinter 主要控件的使用
- 鼠标事件响应
- 键盘事件响应

7.1 Tkinter 模块功能

7.1.1 创建一个 GUI 程序

Tkinter 是 Python 的标准 GUI 库。Python 使用 Tkinter 可以快速地创建 GUI 应用程序。由于 Tkinter 是内置到 Python 的安装包中,只要安装好 Python 之后就能 import Tkinter 库,而且 IDLE 也是用 Tkinter 编写而成,对于简单的图形界面 Tkinter 能应付自如。创建一个 GUI 程序的步骤如下:

(1)导入 Tkinter 模块。
(2)创建控件。
(3)指定这个控件的 master,即这个控件属于哪一个。
(4)告诉 GM(Geometry Manager)有一个控件产生了。

【例 7-1】创建一个简单的窗口。实例代码如下:

```
#!/usr/bin/python

# 导入 Tkinter 模块并创建一个别名 tk
```

```
import tkinter as tk
# 实例化 tk.Tk
win = tk.Tk()
# 添加标题
win.title("Python GUI")
# 当调用 mainloop()时，窗口才会显示出来
win.mainloop()
```

以上程序运行结果为：

7.1.2 Tkinter 控件简介

1．Tkinter 控件主要功能

Tkinter 提供各种控件，如按钮、标签和文本框，均可在 GUI 应用程序中使用。Tkinter 目前有十几种控件，主要功能描述见表 7-1。

表 7-1　Tkinter 控件功能描述

控件	描述	控件	描述
Button	显示按钮	Canvas	显示图形元素如线条或文本
Checkbutton	提供多项选择框	Entry	显示简单的文本内容
Frame	在屏幕上显示一个矩形区域，多用来作为容器	Label	显示文本和位图
Listbox	用来显示一个字符串列表给用户	Menubutton	显示菜单项
Menu	显示菜单栏、下拉菜单和弹出菜单	Message	显示多行文本，与 Label 类似
Radiobutton	显示一个单选的按钮	Scale	显示一个数值刻度，为输出限定范围的数字区间
Scrollba	滚动条控件，当内容超过可视化区域时使用	Text	显示多行文本
Toplevel	用来提供一个单独的对话框，和 Frame 类似	Spinbox	与 Entry 类似，但是可以指定输入范围值
PanedWindow	一个窗口布局管理的插件，可以包含一个或者多个子控件	LabelFrame	简单的容器控件，常用于复杂的窗口布局
tkMessageBox	显示应用程序的消息框		

2. 标准属性

Tkinter 控件的标准属性也就是所有控件的共同属性，如大小、字体和颜色等，见表 7-2。

表 7-2 Tkinter 控件的标准属性

标准属性	描述	标准属性	描述
Dimension	控件大小	Color	控件颜色
Font	控件字体	Anchor	锚点
Relief	控件样式	Bitmap	位图
Cursor	光标		

7.2 Tkinter 图形界面控件

7.2.1 Label 控件

Label 控件是可以显示文本或图像的标签。创建 Label 控件的语法如下：

  w = Label(master,option,...)

参数说明：

- master：代表父窗口。
- options：控件参数，见表 7-3。

表 7-3 Label 控件参数

控件参数	描述	控件参数	描述
anchor	标签中文本的位置	background(bg)	标签的背景色
foreground(fg)	标签的前景色	cursor	鼠标移到按钮上的样式
width	标签宽度	height	标签高度
bitmap	标签中的位图	font	标签中文本的字体
image	标签中的图片	justify	多行文本的对齐方式
text	标签中的文本，可以使用\n 表示换行	textvariable	显示文本自动更新，与 StringVar 等配合使用

【例 7-2】创建 Label 控件。实例代码如下：

```
#!/usr/bin/python3

# 导入 Tkinter 模块并创建一个别名 tk
import tkinter as tk

from tkinter import ttk

win = tk.Tk()
```

# 实例化 tk.TK
win.title("Python GUI")

# 添加标题
ttk.Label(win, text="A Label").grid(column=0, row=0)

# 当调用 mainloop()时，窗口才会显示出来
win.mainloop()

以上程序运行结果为：

7.2.2 Button 控件

Button 控件用来在 Python 应用程序中添加按钮。这些按钮可以显示文字或图像用以表达按钮的目的。当单击按钮时，可以激发附加到该按钮的函数或方法，相应的函数或方法将被自动调用。创建 Button 控件的语法如下：

w = Button(master, option=value,...)

参数说明：
- master：代表父窗口。
- options：选项参数，见表 7-4。

表 7-4 Button 控件参数

控件参数	描述	控件参数	描述
anchor	按钮上文本的位置	background(bg)	按钮的背景色
command	按钮消息的回调函数	cursor	鼠标移到按钮上的样式
font	按钮上文本的字体	foreground(fg)	按钮的前景色
height	按钮的高度	image	按钮上显示的图片
state	按钮的状态	text	按钮上显示的文本
width	按钮的宽度	activeforeground	单击按钮时它的前景色
padx	设置文本与按钮边框的距离	textvariable	可变文本

Button 控件常用的函数或方法如下：

（1）flash()函数：使按钮闪几次后主动恢复正常的颜色。

（2）invoke()函数：调用与按钮相关联的命令。

【例 7-3】创建 Button 按钮并设置文本属性。实例代码如下：

```
#!/usr/bin/python3

import tkinter as tk
```

```
from tkinter import ttk
win = tk.Tk()

# 添加标题
win.title("Python GUI")

# 创建一个标签，text 为标签上显示的内容
aLabel = ttk.Label(win, text="A Label")
aLabel.grid(column=0, row=0)

# 当 acction 被单击时，该函数则生效
def clickMe():

    # 设置 button 显示的内容
    action.configure(text="** I have been Clicked！**")

    # 设置 aLabel 的字体颜色
    aLabel.configure(foreground='red')

# 创建一个按钮，text 为按钮上面显示的文字
action = ttk.Button(win, text="Click Me!", command=clickMe)

#command：当这个按钮被单击之后会调用 command()函数
action.grid(column=1, row=0)

win.mainloop()
```

以上程序运行结果为：

7.2.3 Canvas 控件

Canvas 控件提供了绘图功能，可以用来绘制一个长方形的图形或其他复杂的图形，也可以用来编辑画布上的图形、文字等。创建 Canvas 控件的语法如下：

w = Canvas(master,option=value,...)

参数说明：
- master：代表父窗口。
- option：选项参数，见表 7-5。

表 7-5 Canvas 控件参数

控件参数	描述	控件参数	描述
background(bg)	画布背景色	foreground(fg)	画布前景色
borderwidth	画布边框宽度	width	画布宽度

续表

控件参数	描述	控件参数	描述
Height	画布高度	bitmap	位图
Image	图片		

【例 7-4】创建 canvas 控件和设置文本属性。实例代码如下：

```
#!/usr/bin/python3

from tkinter import *

top=Tk()
top.title("简单绘画")
top.geometry("400x300+300+200")

# width、height：设置画布的宽、高，bg：设置背景色
can=Canvas(top,width=400,height=300,bg="orange")

# 绘制一条线，起点→终点，width 是线宽
can.create_line((0,0),(200,200),width=4)

# 绘制文字，前两个参数为字的位置
can.create_text(300,30,text="绘制")

# 布局方式
can.pack()
top.mainloop()
```

以上程序运行结果为：

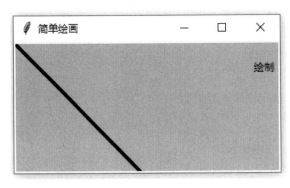

7.2.4 Checkbutton 控件

Checkbutton 控件用于显示切换按钮的复选框按钮。用户可以通过单击相应的按钮选择一个或多个选项，还可以在显示中用图像代替文字。创建 Checkbutton 控件的语法如下：

w = Checkbutton(master,option,...)

参数说明：
- master：表示父窗口。
- options：选项参数，见表 7-6。

表 7-6　Checkbutton 控件参数

控件参数	描述	控件参数	描述
anchor	文本位置	background(bg)	背景色
foreground(fg)	前景色	borderwidth	边框宽度
width	宽度	height	高度
bitmap	位图	image	图片
justify	多行文本的对齐方式	text	文本
value	关联变量的值	variable	指定组件所关联的变量
indicatoron	特殊控制参数	textvariable	可变文本显示

【例 7-5】创建 Checkbutton 控件。实例代码如下：

```
#!/usr/bin/python3

import tkinter as tk
from tkinter import ttk

win = tk.Tk()

# 添加标题
win.title("Python GUI")
ttk.Label(win, text="Chooes a number").grid(column=1, row=0)

# 添加一个标签，并将其列设置为 1，行设置为 0
ttk.Label(win, text="Enter a name:").grid(column=0, row=0)

# 设置其在界面中出现的位置，column 代表列，row 代表行
# button 被单击之后会被执行
def clickMe():     # 当 acction 被单击时，该函数则生效
    action.configure(text='Hello ' + name.get() + ' ' + numberChosen.get())

# 设置 button 显示的内容
    print('check3 is %s %s' % (type(chvarEn.get()), chvarEn.get()))

# 按钮
action = ttk.Button(win, text="Click Me!", command=clickMe)

# 创建一个按钮，text 为按钮上面显示的文字
#command：当这个按钮被单击之后会调用 command()函数
action.grid(column=2, row=1)
```

```python
# 设置其在界面中出现的位置，column 代表列，row 代表行
name = tk.StringVar()

# StringVar 是 Tk 库内部定义的字符串变量类型，在这里用于管理部件上面的字符；
#不过一般用在按钮 button 上。改变 StringVar，按钮上的文字也随之改变
nameEntered = ttk.Entry(win, width=12, textvariable=name)

# 创建一个文本框，定义长度为 12 个字符长度，并且将文本框中的内容绑定到
#上一句定义的 name 变量上，方便 clickMe 调用
nameEntered.grid(column=0, row=1)

# 设置其在界面中出现的位置，column 代表列，row 代表行
nameEntered.focus()        # 当程序运行时光标默认会出现在该文本框中

# 创建一个下拉列表
number = tk.StringVar()
numberChosen = ttk.Combobox(win, width=12, textvariable=number, state='readonly')
numberChosen['values'] = (1, 2, 4, 42, 100)       # 设置下拉列表的值
numberChosen.grid(column=1, row=1)

# 设置其在界面中出现的位置，column 代表列，row 代表行
numberChosen.current(0)

# 设置下拉列表默认显示的值，0 为 numberChosen['values'] 的下标值
# 复选框
chVarDis = tk.IntVar()

# text 为该复选框后面显示的名称，variable 将该复选框的状态赋值给一个变量
#当 state='disabled'时，该复选框为灰色，即不能选中的状态
check1 = tk.Checkbutton(win, text="Disabled", variable=chVarDis, state='disabled')

# 该复选框是否勾选，select 为勾选，deselect 为不勾选
check1.select()

# sticky=tk.W 是当该列中其他行或该行中其他列的某一个功能拉长这列的宽度或高度时，
#设定该值可以保证本行保持左对齐
check1.grid(column=0, row=4, sticky=tk.W)
chvarUn = tk.IntVar()
check2 = tk.Checkbutton(win, text="UnChecked", variable=chvarUn)
check2.deselect()
check2.grid(column=1, row=4, sticky=tk.W)
chvarEn = tk.IntVar()
check3 = tk.Checkbutton(win, text="Enabled", variable=chvarEn)
check3.select()
check3.grid(column=2, row=4, sticky=tk.W)
win.mainloop()
```

上述程序运行结果为：

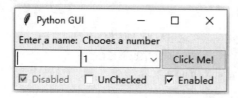

7.2.5 Radiobutton 控件

Radiobutton 控件实现了多项选择按钮，向用户提供多项可能的选择，但用户只能选择其中之一。为了实现这个功能，每个单选按钮必须关联到相同的变量，每一个按钮必须象征着一个单一的值。可以使用 Tab 键从一个按钮切换到另一个。

创建 Radiobutton 控件的语法如下：

w = Radiobutton(master,option,...)

参数说明：

- master：表示父窗口。
- options：选项参数，见表 7-5。

【例 7-6】创建 Radiobutton 控件。实例代码如下：

```
#!/usr/bin/python3

import tkinter as tk
from tkinter import ttk

win = tk.Tk()
win.title("Python GUI")
# 添加标题
ttk.Label(win, text="Chooes a number").grid(column=1, row=0)

# 添加一个标签，并将其列设置为1，行设置为0
ttk.Label(win, text="Enter a name:").grid(column=0, row=0)

# 设置其在界面中出现的位置，column 代表列，row 代表行
# button 被单击之后会被执行

def clickMe():
    # 当 acction 被单击时，该函数则生效
    action.configure(text='Hello ' + name.get() + ' ' + numberChosen.get())
    # 设置 button 显示的内容
    print('check3 is %s %s' % (type(chvarEn.get()), chvarEn.get()))
# 按钮
action = ttk.Button(win, text="Click Me!", command=clickMe)

# 创建一个按钮，text 为按钮上面显示的文字
#command：当这个按钮被单击之后会调用 command()函数
```

```python
# 设置其在界面中出现的位置，column 代表列，row 代表行
action.grid(column=2, row=1)

# StringVar 是 Tk 库内部定义的字符串变量类型
name = tk.StringVar()

#在这里用于管理部件上面的字符，不过一般用在按钮 button 上
#改变 StringVar，按钮上的文字也随之改变

nameEntered = ttk.Entry(win, width=12, textvariable=name)
# 创建一个文本框，定义长度为 12 个字符长度，
#并且将文本框中的内容绑定到上一句定义的 name 变量上，方便 clickMe 调用
nameEntered.grid(column=0, row=1)

# 设置其在界面中出现的位置，column 代表列，row 代表行

nameEntered.focus()

# 当程序运行时，光标默认会出现在该文本框中
# 创建一个下拉列表
number = tk.StringVar()
numberChosen = ttk.Combobox(win, width=12, textvariable=number, state='readonly')
numberChosen['values'] = (1, 2, 4, 42, 100)

# 设置下拉列表的值
numberChosen.grid(column=1, row=1)

# 设置其在界面中出现的位置，column 代表列，row 代表行
numberChosen.current(0)    # 设置下拉列表默认显示的值，0 为 numberChosen['values'] 的下标值

# 复选框
chVarDis = tk.IntVar()

# 用来获取复选框是否被勾选，通过 chVarDis.get()来获取其状态
#其状态值为 int 类型，勾选为 1，未勾选为 0
check1 = tk.Checkbutton(win, text="Disabled", variable=chVarDis, state='disabled')

# text 为该复选框后面显示的名称，variable 将该复选框的状态赋值给一个变量
#当 state='disabled'时，该复选框为灰色，不能选中的状态
check1.select()       # 该复选框是否勾选，select 为勾选，deselect 为不勾选
check1.grid(column=0, row=4, sticky=tk.W)

# sticky=tk.W 表示当该列中其他行或该行中的其他列的某一个功能拉长这列的宽度或高度时，
#设定该值可以保证本行保持左对齐
chvarUn = tk.IntVar()
check2 = tk.Checkbutton(win, text="UnChecked", variable=chvarUn)
check2.deselect()
```

```
check2.grid(column=1, row=4, sticky=tk.W)
chvarEn = tk.IntVar()
check3 = tk.Checkbutton(win, text="Enabled", variable=chvarEn)
check3.select()
check3.grid(column=2, row=4, sticky=tk.W)

# 单选按钮
# 定义几个颜色的全局变量
COLOR1 = "Blue"
COLOR2 = "Gold"
COLOR3 = "Red"

# 单选按钮回调函数就是当单选按钮被单击时会执行该函数
def radCall():
    radSel = radVar.get()
    if radSel == 1:
        win.configure(background=COLOR1)
        
        #设置整个界面的背景颜色
    elif radSel == 2:
        win.configure(background=COLOR2)
        
    elif radSel == 3:
        win.configure(background=COLOR3)

# 通过 tk.IntVar() 获取单选按钮 value 参数对应的值
radVar = tk.IntVar()
rad1 = tk.Radiobutton(win, text=COLOR1, variable=radVar, value=1, command=radCall)

# 当该单选按钮被单击时会触发参数 command 对应的函数
rad1.grid(column=0, row=5, sticky=tk.W)

# 参数 sticky 对应的值参考复选框的解释
rad2 = tk.Radiobutton(win, text=COLOR2, variable=radVar, value=2, command=radCall)
rad2.grid(column=1, row=5, sticky=tk.W)
rad3 = tk.Radiobutton(win, text=COLOR3, variable=radVar, value=3, command=radCall)
rad3.grid(column=2, row=5, sticky=tk.W)

win.mainloop()
```

以上程序运行结果为：

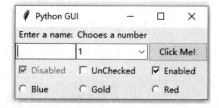

7.2.6 Entry 控件

Entry 控件用于接受用户单行文本字符串，创建 Entry 控件的语法如下：

w = Entry(master,option,...)

参数说明：
- master：代表父窗口。
- options：选项参数，见表 7-7。

表 7-7 Entry 控件参数

控件参数	描述	控件参数	描述
background(bg)	背景色	foreground(fg)	前景色
selectbackground	选定文本背景色	selectforeground	选定文本前景色
borderwidth(bd)	文本框边框宽度	font	字体
show	文本框显示的字符，若为*，表示文本框为密码框	textvariable	可变文本，与 StringVar 等配合使用
width	文本框宽度	state	状态

【例 7-7】创建 Entry 控件。实例代码如下：

```python
#!/usr/bin/python3

import tkinter as tk
from tkinter import ttk

win = tk.Tk()

# 添加标题。
win.title("Python GUI")
aLabel = ttk.Label(win, text="A Label")

# 创建一个标签，text 为标签显示的内容。
aLabel.grid(column=0, row=0)

def clickMe():
    # 当 acction 被单击时，该函数则生效
    action.configure(text='Hello ' + name.get())

# 设置 button 显示的内容
action = ttk.Button(win, text="Click Me!", command=clickMe)

# 创建一个按钮，text 为按钮上面显示的文字
#command：当这个按钮被单击之后会调用 command()函数
action.grid(column=1, row=1)
ttk.Label(win, text="Enter a name:").grid(column=0, row=0)
```

```
# StringVar 是 Tk 库内部定义的字符串变量类型，在这里用于管理部件上面的字符;
#不过一般用在按钮上。改变 StringVar，按钮上的文字也随之改变
name = tk.StringVar()

# 创建一个文本框，定义长度为 12 个字符长度,
#并且将文本框中的内容绑定到上一句定义的 name 变量上，方便 clickMe 调用
nameEntered = ttk.Entry(win, width=12, textvariable=name)
nameEntered.grid(column=0, row=1)

win.mainloop()
```

以上程序运行结果为：

7.2.7 Combobox 控件

Combobox 控件用于实现将内容排列在下拉列表中，可以在话框初始化的时候进行内容添加。创建 Combobox 控件的语法如下：

　　w = Combobox(master,option=value,...)

参数说明：
- master：代表父窗口。
- option：选项参数，见表 7-8。

表 7-8　Combobox 控件参数

控件参数	描述
background(bg)	背景色
selectbackground	选定文本背景色
borderwidth(bd)	文本框边框宽度
show	文本框显示的字符，若为*，表示文本框为密码框
width	文本框宽度
auto	在行尾输入字符时，自动将文本滚动到左侧
type	控件类型。支持三种类型，分别是简单（Simple）、下拉（Dropdown）、下拉列表（Droplist）。默认类型是 Dropdown
foreground(fg)	前景色
selectforeground	选定文本前景色
font	字体
textvariable	可变文本，与 StringVar 等配合使用

续表

控件	描述
state	状态
sort	默认情况下添加字符串具有自动排序功能，若不希望排序，可将 sort 属性置为 False
tabstop	定用户可以用 Tab 键移动该控件，方便用户在不同控件之间切换

【例 7-8】创建 Combobox 控件。实例代码如下：

```
#!/usr/bin/python3

import tkinter as tk
from tkinter import ttk

win = tk.Tk()

# 添加标题
win.title("Python GUI")
ttk.Label(win, text="Chooes a number").grid(column=1, row=0)

# 添加一个标签，并将其列设置为 1，行设置为 0
ttk.Label(win, text="Enter a name:").grid(column=0, row=0)
# 设置其界面中出现的位置，column 代表列，row 代表行。单击 button 之后会被执行
def clickMe():
    # 当 acction 被单击时，该函数则生效。
    action.configure(text='Hello ' + name.get())
    # 设置 button 显示的内容
    # 将按钮设置为灰色状态，即不可使用状态
    action.configure(state='disabled')

# 创建一个按钮，text 为按钮上面显示的文字
#command：当这个按钮被单击之后会调用 command()函数
action = ttk.Button(win, text="Click Me!", command=clickMe)

# 设置其在界面中出现的位置，column 代表列，row 代表行
action.grid(column=2, row=1)

# StringVar 是 Tk 库内部定义的字符串变量类型，在这里用于管理部件上面的字符；
#不过一般用在按钮上。改变 StringVar，按钮上的文字也随之改变
name = tk.StringVar()

# 创建一个文本框，定义长度为 12 个字符，
#并且将文本框中的内容绑定到上一句定义的 name 变量上，方便 clickMe 调用
nameEntered = ttk.Entry(win, width=12, textvariable=name)
```

```
# 设置其在界面中出现的位置，column 代表列，row 代表行
nameEntered.grid(column=0, row=1)

# 当程序运行时，光标默认会出现在该文本框中
nameEntered.focus()
number = tk.StringVar()
numberChosen = ttk.Combobox(win, width=12, textvariable=number)

# 设置下拉列表的值
numberChosen['values'] = (1, 2, 4, 42, 100)

# 设置其在界面中出现的位置，column 代表列，row 代表行
numberChosen.grid(column=1, row=1)

# 设置下拉列表默认显示的值，0 为 numberChosen['values']的下标值
numberChosen.current(0)

win.mainloop()
```

以上程序运行结果为：

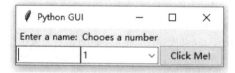

7.2.8 ScrolledText 控件

ScrolledText 控件用于实现文本框的垂直滚动，也可以通过该控件来实现表框和画布，还可以创建水平滚动条。创建 ScrolledText 控件的语法如下：

w = ScrolledText(master, option=value,...)

参数说明：

- master：代表父窗口。
- option：选项参数，见表 7-9。

表 7-9　ScrolledText 控件参数

控件参数	描述	控件参数	描述
background(bg)	背景色	foreground(fg)	前景色
selectbackground	选定文本背景色	selectforeground	选定文本前景色
borderwidth(bd)	文本框边框宽度	font	字体
relief	选项按钮设置	cursor	鼠标位置
orient	标定方向	troughcolor	凹槽颜色

【例 7-9】创建 ScrolledText 控件。实例代码如下：

```python
#!/usr/bin/python3

import tkinter as tk
from tkinter import ttk

# 导入滚动文本框的模块
from tkinter import scrolledtext
win = tk.Tk()
# 添加标题
win.title("Python GUI")

# 添加一个标签，并将其列设置为 1，行设置为 0
ttk.Label(win, text="Chooes a number").grid(column=1, row=0)

# 设置其在界面中出现的位置，column 代表列，row 代表行。单击 button 之后会被执行
ttk.Label(win, text="Enter a name:").grid(column=0, row=0)
# 当 acction 被单击时，该函数则生效
def clickMe():

    # 设置 button 显示的内容
    action.configure(text='Hello ' + name.get() + ' ' + numberChosen.get())
    print('check3 is %s %s' % (type(chvarEn.get()), chvarEn.get()))

# 创建一个按钮，text 为按钮上面显示的文字
# command：这个按钮被单击之后会调用 command()函数
action = ttk.Button(win, text="Click Me!", command=clickMe)

# 设置其在界面中出现的位置，column 代表列，row 代表行
action.grid(column=2, row=1)

# StringVar 是 Tk 库内部定义的字符串变量类型，在这里用于管理部件上面的字符，
#不过一般用在按钮上。改变 StringVar，按钮上的文字也随之改变。
name = tk.StringVar()

# 创建一个文本框，定义长度为 12 个字符
# 将文本框中的内容绑定到上一句定义的 name 变量上，方便 clickMe 调用
nameEntered = ttk.Entry(win, width=12, textvariable=name)

# 设置其在界面中出现的位置，column 代表列，row 代表行
nameEntered.grid(column=0, row=1)

# 当程序运行时，光标默认会出现在该文本框中
nameEntered.focus()

# 创建一个下拉列表
```

```python
number = tk.StringVar()
numberChosen = ttk.Combobox(win, width=12, textvariable=number, state='readonly')

# 设置下拉列表的值
numberChosen['values'] = (1, 2, 4, 42, 100)

# 设置其在界面中出现的位置,column 代表列,row 代表行
numberChosen.grid(column=1, row=1)
# 设置下拉列表默认显示的值,0 为 numberChosen['values'] 的下标值
numberChosen.current(0)

# 用来获取复选框是否被勾选,通过 chVarDis.get()来获取其状态,
# 其状态值为 int 类型,勾选为 1,未勾选为 0
chVarDis = tk.IntVar()

# text 为该复选框后面显示的名称,variable 将该复选框的状态赋值给一个变量,
# 当 state='disabled'时,该复选框为灰色,不能单击的状态
check1 = tk.Checkbutton(win, text="Disabled", variable=chVarDis, state='disabled')

# 该复选框是否勾选,select 为勾选,deselect 为不勾选
check1.select()

# sticky=tk.W 表示当该列中其他行或该行中的其他列的某一个功能拉长这列的宽度或高度时,
# 设定该值可以保证本行保持左对齐
check1.grid(column=0, row=4, sticky=tk.W)

chvarUn = tk.IntVar()
check2 = tk.Checkbutton(win, text="UnChecked", variable=chvarUn)
check2.deselect()
check2.grid(column=1, row=4, sticky=tk.W)
chvarEn = tk.IntVar()
check3 = tk.Checkbutton(win, text="Enabled", variable=chvarEn)
check3.select()
check3.grid(column=2, row=4, sticky=tk.W)

# 定义几个颜色的全局变量
COLOR1 = "Blue"
COLOR2 = "Gold"
COLOR3 = "chocolate1"

# 单选按钮回调函数,就是当单选按钮被单击时会执行该函数
def radCall():
    radSel = radVar.get()
    if radSel == 1:
        # 设置整个界面的背景颜色
        win.configure(background=COLOR1)
```

```
    elif radSel == 2:
        win.configure(background=COLOR2)
    elif radSel == 3:
        win.configure(background=COLOR3)

# 通过 tk.IntVar() 获取单选按钮 value 参数对应的值
radVar = tk.IntVar()

# 当该单选按钮被单击时会触发参数 command 对应的函数
rad1 = tk.Radiobutton(win, text=COLOR1, variable=radVar, value=1, command=radCall)

# 参数 sticky 对应的值参考复选框的解释
rad1.grid(column=0, row=5, sticky=tk.W)
rad2 = tk.Radiobutton(win, text=COLOR2, variable=radVar, value=2, command=radCall)
rad2.grid(column=1, row=5, sticky=tk.W)

rad3 = tk.Radiobutton(win, text=COLOR3, variable=radVar, value=3, command=radCall)

# 滚动文本框
rad3.grid(column=2, row=5, sticky=tk.W)

# 设置文本框的长度
scrolW = 30

# 设置文本框的高度
scrolH = 3

# wrap=tk.WORD 表示在行的末尾如果有一个单词跨行，会将该单词放到下一行显示
#比如输入 hello，he 在第一行的行尾，llo 在第二行的行首，这时如果 wrap=tk.WORD，
#则表示会将 hello 这个单词挪到下一行行首显示，wrap 默认的值为 tk.CHAR
scr = scrolledtext.ScrolledText(win, width=scrolW, height=scrolH, wrap=tk.WORD)

#将 3 列合并成一列
scr.grid(column=0, columnspan=3)

win.mainloop()
```

以上程序运行结果为：

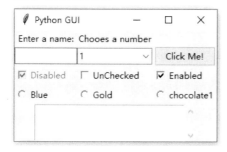

7.2.9 Menu 控件

Menu 控件核心功能是用来创建三个菜单类型：弹出式、顶层和下拉。也可以通过 Menu 控件来使用其他的扩展控件，以实现新类型的菜单。如 OptionMenu 控件，便可实现一种特殊类型的菜单，生成一个项目的弹出列表。创建 Menu 控件的语法如下：

w = Menu(master,option=value,...)

参数说明：
- master：代表父窗口。
- options：选项参数，见表 7-10。

表 7-10　Menu 控件参数

控件参数	描述
background(bg)	背景色
selectbackground	选定文本背景色
borderwidth(bd)	文本框边框宽度
tearoff	分窗，0 为在原窗，1 为分为两个窗口
foreground(fg)	前景色
selectforeground	选定文本前景色
font	字体
activebackgound	单击时的背景，有 activeforeground 和 activeborderwidth

【例 7-10】创建 Menu 控件。实例代码如下：

```
#!/usr/bin/python3

import tkinter as tk

# 导入菜单类
from tkinter import Menu
win = tk.Tk()

# 添加标题
win.title("Python GUI")
def _quit():
    """结束主事件循环"""
    # 关闭窗口
    win.quit()

    # 将所有的窗口小部件进行销毁，应该有内存回收的意思
    win.destroy()
    exit()

# 创建菜单栏功能
```

menuBar = Menu(win)
win.config(menu=menuBar)

# 在菜单栏中创建一个名为 File 的菜单项
fileMenu = Menu(menuBar, tearoff=0)
menuBar.add_cascade(label="File", menu=fileMenu)

# 在菜单项 File 下面添加一个名为 New 的选项
fileMenu.add_command(label="New")

# 在两个菜单选项中间添加一条横线
fileMenu.add_separator()
# 在菜单项 File 下面添加一个名为 Exit 的选项

fileMenu.add_command(label="Exit", command=_quit)
# 在菜单栏中创建一个名为 Help 的菜单项
helpMenu = Menu(menuBar, tearoff=0)
menuBar.add_cascade(label="Help", menu=helpMenu)

# 在菜单项 Help 下面添加一个名为 About 的选项
helpMenu.add_command(label="About")

win.mainloop()

以上程序运行结果为：

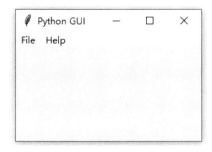

7.2.10 Frame 控件

Frame 控件在组织控件的过程中非常重要，它负责安排其他控件的位置，就像一个容器。该控件利用在屏幕上的矩形区域对其他控件组织布局，并提供这些控件的填充。一个框架也可以用来作为一个基础类，以实现复杂的控件。创建 Frame 控件的语法如下：

w = Frame(master,option=value,...)

参数说明：
- master：代表父窗口。
- option：选项参数，见表 7-11。

表 7-11 Frame 控件参数

控件参数	描述	控件参数	描述
background(bg)	背景色	foreground(fg)	前景色
selectbackground	选定文本背景色	selectforeground	选定文本前景色
borderwidth(bd)	文本框边框宽度	font	字体
relief	选项按钮设置	cursor	鼠标位置

【例 7-11】创建 Frame 控件。实例代码如下：

```python
#!/usr/bin/python3

import tkinter as tk
from tkinter import ttk

# 导入滚动文本框的模块
from tkinter import scrolledtext
win = tk.Tk()

# 添加标题
win.title("Python GUI")

# 创建一个容器，其父容器为 win
monty = ttk.LabelFrame(win, text=" Monty Python ")

# 该容器外围需要留出的空余空间
monty.grid(column=0, row=0, padx=10, pady=10)

# 添加一个标签，并将其列设置为 1，行设置为 0
aLabel = ttk.Label(monty, text="A Label")
ttk.Label(monty, text="Chooes a number").grid(column=1, row=0)

# 设置标签在界面中出现的位置，column 代表列，row 代表行
ttk.Label(monty, text="Enter a name:").grid(column=0, row=0, sticky='W')

#单击 button 之后会被执行
def clickMe():

    action.configure(text='Hello ' + name.get() + ' ' + numberChosen.get())
    # 设置 button 显示的内容。
    print('check3 is %s %s' % (type(chvarEn.get()), chvarEn.get()))

# 创建一个按钮 button，text：按钮上面显示的文字
# command：当这个按钮被单击之后会调用 command()函数
action = ttk.Button(monty, text="Click Me!", command=clickMe)
# 设置其在界面中出现的位置，column 代表列，row 代表行
```

```
action.grid(column=2, row=1)
```

StringVar 是 Tk 库内部定义的字符串变量类型，在这里用于管理部件上面的字符；
#不过一般用在按钮 button 上。改变 StringVar，按钮上的文字也随之改变
```
name = tk.StringVar()
```

创建一个文本框，定义长度为 12 个字符，
#并且将文本框中的内容绑定到上一句定义的 name 变量上，方便 clickMe 调用
```
nameEntered = ttk.Entry(monty, width=12, textvariable=name)
nameEntered.grid(column=0, row=1, sticky=tk.W)
```

当程序运行时，光标默认会出现在该文本框中
```
nameEntered.focus()
```

创建一个下拉列表
```
number = tk.StringVar()
numberChosen = ttk.Combobox(monty, width=12, textvariable=number, state='readonly')
```

设置下拉列表的值
```
numberChosen['values'] = (1, 2, 4, 42, 100)
numberChosen.grid(column=1, row=1)
```

设置下拉列表默认显示的值
```
numberChosen.current(0)
```

用来获取复选框是否被勾选，通过 chVarDis.get()来获取其状态，
#其状态值为 int 类型，勾选为 1，未勾选为 0
```
chVarDis = tk.IntVar()
```

text 为该复选框后面显示的名称，variable 将该复选框的状态赋值给一个变量，
#当 state='disabled'时，该复选框为灰色，不能选中的状态
```
check1 = tk.Checkbutton(monty, text="Disabled", variable=chVarDis, state='disabled')
check1.select()
```

sticky=tk.W 表示当该列中其他行或该行中的其他列的某一个功能拉长这列的宽度或高度时，
#设定该值可以保证本行保持左对齐
```
check1.grid(column=0, row=4, sticky=tk.W)
chvarUn = tk.IntVar()
check2 = tk.Checkbutton(monty, text="UnChecked", variable=chvarUn)
check2.deselect()
check2.grid(column=1, row=4, sticky=tk.W)
chvarEn = tk.IntVar()
check3 = tk.Checkbutton(monty, text="Enabled", variable=chvarEn)
check3.select()
check3.grid(column=2, row=4, sticky=tk.W)
```

单选按钮，定义几个颜色的全局变量

```python
colors = ["Blue", "Gold", "Red"]

# 单选按钮回调函数，就是当单选按钮被单击会执行该函数
def radCall():
    radSel = radVar.get()
    if radSel == 0:

        # 设置整个界面的背景颜色
        win.configure(background=colors[0])
        print(radVar.get())
    elif radSel == 1:
        win.configure(background=colors[1])
    elif radSel == 2:
        win.configure(background=colors[2])

# 通过 tk.IntVar() 获取单选按钮 value 参数对应的值
radVar = tk.IntVar()
radVar.set(99)
for col in range(3):

    # 当该单选按钮被单击时，会触发参数 command 对应的函数
    curRad = tk.Radiobutton(monty, text=colors[col], variable=radVar, value=col, command=radCall)

    # 参数 sticky 对应的值参考复选框的解释
    curRad.grid(column=col, row=5, sticky=tk.W)

# 滚动文本框，设置文本框的长度
scrolW = 30

# 设置文本框的高度
scrolH = 3
scr = scrolledtext.ScrolledText(monty, width=scrolW, height=scrolH, wrap=tk.WORD)

# 将 3 列合并成一列
scr.grid(column=0, columnspan=3)

win.mainloop()
```

以上程序运行结果为：

7.3 事件响应

所谓事件（event）就是程序上发生的操作，例如用户敲击键盘上的某一个键或是单击或移动鼠标，对于这些事件，程序需要做出反应。Tkinter 提供的组件通常都包含许多内在行为，例如敲击键盘上的某些按键，所输入的内容就会显示在输入栏内。

Tkinter 的事件处理允许创建、修改或是删除这些行为。事件处理者是当事件发生时被调用的程序中的某个函数。可以通过 bind()方法将事件与事件处理函数绑定。

Tkinter 通过事件队列来指定完成的事件。事件队列是包含了一个或多个事件类型的字符串。每一个事件类型指定了一项事件，当有多项事件类型包含于事件队列中时，当且仅当描述符中全部事件发生时才调用处理函数。事件类型的通用格式如下：

<[modifier-]...type[-detail]>

参数说明：

- 事件类型必须放置于尖括号<>内。
- modifier：用于组合键定义。
- type：描述了通用类型，例如键盘按键、鼠标单击。
- detail：用于明确定义是哪一个键或按钮的事件。

Tkinter 应用的绝大部分时间都花费在内部的时间循环上，通过 mainloop 方法进入。其中事件来自于各种途径，包括用户的按键和鼠标操作，窗口管理器的刷新事件，大多数情况下由用户直接触发。

7.3.1 鼠标事件

鼠标事件是在单击鼠标或者移动光标的过程中产生的事件。具体事件类型见表 7-12。

表 7-12 鼠标事件

名称	描述
ButtonPress	按下鼠标某键触发，可以在 detail 部分指定是某个键
ButtonRelease	释放鼠标某键触发，可以在 detail 部分指定是某个键
Motion	点鼠标中间的键同时托拽移动时触发
Enter	当光标移进某组件时触发
Leave	当光标移出某组件时触发
MouseWheel	当鼠标滚轮滚动时触发

【例 7-12】测试鼠标单击事件。实例代码如下：

```
#!/usr/bin/python3

from tkinter import *

root = Tk()
def printCoords(event):
```

```
        print (event.x,event.y)

    # 创建第一个 Button 并将它与单击左键事件绑定
    bt1 = Button(root,text = 'leftmost button')
    bt1.bind('<Button-1>',printCoords)

    # 创建二个 Button 并将它与单击中键事件绑定
    bt2 = Button(root,text = 'middle button')
    bt2.bind('<Button-2>',printCoords)

    # 创建第三个 Button 并将它与单击右键事件绑定
    bt3 = Button(root,text = 'rightmost button')
    bt3.bind('<Button-3>',printCoords)

    # 创建第四个 Button 并将它与双击左键事件绑定
    bt4 = Button(root,text = 'double click')
    bt4.bind('<Double-Button-1>',printCoords)

    # 创建第五个 Button 并将它与三击左键事件绑定
    bt5 = Button(root, text = 'triple click')
    bt5.bind('<Triple-Button-1>',printCoords)
    bt1.grid()
    bt2.grid()
    bt3.grid()
    bt4.grid()
    bt5.grid()

    root.mainloop()
```

以上程序运行结果为：

以上界面中，在 leftmost button 按钮上单击鼠标左键会触发事件；在 middle button 按钮上单击鼠标中键会触发事件；在 rightmost button 按钮上单击鼠标右键会触发事件；在 double click 按钮上双击鼠标左键会触发事件；在 triple click 按钮上三击鼠标左键会触发事件。

【例 7-13】测试鼠标的移动事件。实例代码如下：

```
#!/usr/bin/python3

from tkinter import *
```

```
root = Tk()
def printCoords(event):
    print (event.x,event.y)

# 创建第一个 Button 并将它与左键移动事件绑定
bt1 = Button(root,text = 'leftmost button')
bt1.bind('<B1-Motion>',printCoords)

# 创建二个 Button 并将它与中键移动事件绑定
bt2 = Button(root,text = 'middle button')
bt2.bind('<B2-Motion>',printCoords)

# 创建第三个 Button 并将它与右击移动事件绑定
bt3 = Button(root,text = 'rightmost button')
bt3.bind('<B3-Motion>',printCoords)
bt1.grid()
bt2.grid()
bt3.grid()

root.mainloop()
```

以上程序运行结果为：

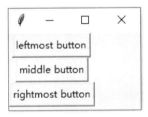

以上界面中，在 leftmost button 按钮上单击鼠标左键并拖动会触发事件；在 middle button 按钮上单击鼠标中键并拖动会触发事件；在 rightmost button 按钮上单击鼠标右键并拖动会触发事件。

7.3.2 键盘事件

键盘事件是在单击键盘输入过程中产生的事件，具体事件类型见表 7-13。

表 7-13 键盘事件

名称	描述
KeyPress	按下键盘某键时触发，可以在 detail 部分指定是某键
KeyRelease	释放键盘某键时触发，可以在 detail 部分指定是某个键

【例 7-14】测试键盘特殊事件。实例代码如下：

```
#!/usr/bin/python3
```

```
from tkinter import *

root = Tk()
def printCoords(event):
    print( 'event.char = ',event.char)
    print ('event.keycode = ',event.keycode)

# 创建第一个 Button 并将它与 Backspace 键绑定
bt1 = Button(root,text = 'Press Backspace')
bt1.bind('<Backspace>',printCoords)

# 创建第二个 Button 并将它与回车（Enter）键绑定
bt2 = Button(root,text = 'Press Enter')
bt2.bind('<Return>',printCoords)

# 将焦点设置到第一个 Button 上
bt1.focus_set()
bt1.grid()
bt2.grid()

root.mainloop()
```

以上程序运行结果为：

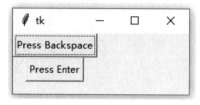

以上界面中，单击键盘上 Backspace 键会触发事件，单击键盘上 Enter 键会触发事件，使用 Tab 键可以在 Backspace 键和 Enter 键之间实现切换。

【例 7-15】测试所有的键盘输入事件。实例代码如下：

```
#!/usr/bin/python3

from tkinter import *

root = Tk()
def printCoords(event):
    print ('event.char = ',event.char)
    print ('event.keycode = ',event.keycode)

# 创建第一个 Button 并将它与 Key 键绑定
bt1 = Button(root,text = 'Press Backspace')
bt1.bind('<Key>',printCoords)

# 将焦点设置到第一个 Button 上
```

bt1.focus_set()
bt1.grid()

root.mainloop()

以上程序运行结果为：

以上界面中，可以单击键盘上的所有键来测试键盘输入。

习 题

一、填空题

1. GUI 编程中_____控件实现了多项选择按钮。
2. 实现内容排列在下拉列表中可以用_____控件。
3. Menu 控件核心功能是用来创建三个菜单类型：_____、_____和_____。
4. 通过_____方法可将事件与事件处理函数绑定。
5. 实现文本框的垂直滚动可以使用_____控件。

二、选择题

1. Checkbutton 控件的功能是（   ）。
   A．显示图形元素如线条或文本
   B．提供多项选择框
   C．显示简单的文本内容
   D．显示菜单项
2. GUI 编程中（   ）控件用于接受用户单行文本字符串。
   A．Entry
   B．Toplevel
   C．Radiobutton
   D．PanedWindow

三、判断题

1. 在 GUI 编程中，复选框往往用来实现非互斥多选的功能，多个复选框之间的选择互不影响。（   ）
2. 在 GUI 编程中，单选按钮用来实现用户在多个选项中的互斥选择，在同一组内的多个选项中只能选择一个，当选择发生变化之后，之前选中的选项自动失效。（   ）

四、编写程序

1. 设计一个窗体，并放置一个按钮，单击按钮后弹出颜色对话框，关闭颜色对话框后提示选中的颜色。

2. 设计一个窗体，并放置一个按钮，按钮默认显示的文本为"开始"，单击按钮后显示的文本变为"结束"，再次单击后变为"开始"，循环切换。

第 8 章 多线程编程

在早期的操作系统里，计算机只有一个核心，进程是执行程序的最小单位，任务调度采用时间片轮转的抢占式方式进行进程调度。每个进程都有各自的一块独立的内存，保证进程彼此间的内存地址空间的隔离。

随着计算机技术的发展，进程出现了很多弊端，一是进程的创建、撤销和切换的开销比较大，二是由于对称多处理机（Symmetrical Multi-Processing）的出现，虽然可以满足多个运行单位，但是多进程并行开销过大，这时就引入了线程的概念。

本章学习重点：

- 线程创建
- 线程同步
- 线程优先级
- 进程对垒

8.1 进程和线程简介

8.1.1 进程和线程的概念

操作系统是运行在硬件之上的软件，是计算机的管理者，负责资源的管理和分配、任务的调度。程序是运行在系统上的具有某种功能的软件，比如说浏览器、音乐播放器等。每次执行程序的时候都会完成一定的功能。比如用浏览器打开网页时，为了保证其独立性，就需要一个专门的管理和控制执行程序的数据结构——进程控制块。进程就是一个程序在一个数据集上的一次动态执行过程。进程一般由程序、数据集、进程控制块三部分组成。

进程中的程序部分用来描述进程要完成哪些功能以及如何完成；数据集部分则是程序在执行过程中所需要使用的资源；进程控制块部分用来记录进程的外部特征，描述进程的执行变化过程，系统可以利用它来控制和管理进程，它是系统感知进程存在的唯一标志。

线程也叫轻量级进程，它是一个基本的 CPU 执行单元，也是程序执行过程中的最小单元，由线程 ID、程序计数器、寄存器集合和堆栈共同组成。线程的引入减小了程序并发执行时的开销，提高了操作系统的并发性能。线程没有自己的系统资源，只拥有在运行时必不可少的资源。但线程可以与属于同一进程的其他线程共享进程所拥有的其他资源。

8.1.2 进程与线程之间的关系

线程是属于进程的，线程运行在进程空间内，同一进程所产生的线程共享同一内存空间，当进程退出时该进程所产生的线程都会被强制退出并清除。线程可与属于同一进程的其他线程共享进程所拥有的全部资源，但是其本身基本上不拥有系统资源，只拥有少量的在运行中必不可少的信息。比如程序计数器、一组 CPU 寄存器和栈。

线程在执行过程中与进程还是有区别的。每个独立的线程有一个程序运行的入口、顺序执行序列和程序的出口。但是线程不能够独立执行，必须依存在应用程序中，由应用程序提供多个线程执行控制。

多线程类似于同时执行多个不同程序，多线程运行有如下优点：

- 使用线程可以把占据长时间的程序中的任务放到后台去处理。
- 用户界面可以更加吸引人，比如用户单击了一个按钮去触发某些事件的处理，可以弹出一个进度条来显示处理的进度。
- 程序的运行速度可能加快。
- 在一些需要等待的任务实现上，如用户输入、文件读写和网络收发数据等，线程就比较有优势了。在这种情况下可以释放一些珍贵的资源如内存占用等。

8.2 线程创建

Python 中使用线程有两种方式：函数或者用类来包装线程对象。

8.2.1 函数方法创建线程

Python 中可以使用函数式调用 _thread 模块中的 start_new_thread()函数来产生新线程，语法如下：

　　_thread.start_new_thread(function,args[,kwargs])

参数说明：

- function：线程函数。
- args：传递给线程函数的参数，它必须是 tuple 类型。
- kwargs：可选参数。

【例 8-1】使用 start_new_thread()函数来产生新线程。实例代码如下：

```
#!/usr/bin/python3

import _thread
import time

# 为线程定义一个函数
def print_time( threadName, delay):
    count = 0
    while count < 3:
        time.sleep(delay)
        count += 1
        print ("%s: %s" % ( threadName, time.ctime(time.time()) ))

# 创建两个线程
try:
    _thread.start_new_thread( print_time, ("Thread-1", 2, ) )
```

```
        _thread.start_new_thread( print_time, ("Thread-2", 4, ) )
except:
        print ("Error：无法启动线程")

while 1:
        pass
```
以上程序运行结果为：
```
Thread-1: Sat Mar 24 11:54:09 2018
Thread-2: Sat Mar 24 11:54:11 2018
Thread-1: Sat Mar 24 11:54:11 2018
Thread-1: Sat Mar 24 11:54:13 2018
Thread-2: Sat Mar 24 11:54:15 2018
Thread-2: Sat Mar 24 11:54:19 2018
```

8.2.2 用 threading 模块创建线程

Python3 通过两个标准库 _thread 和 threading 提供对线程的支持。其中 _thread 提供了低级别的、原始的线程以及一个简单的锁，相比于 threading 模块，它的功能还是比较有限的。threading 模块除了包含 _thread 模块中的所有方法，还提供其他方法，见表 8-1。

表 8-1 threading 模块包含的方法及描述

方法	描述
threading.currentThread()	返回当前的线程变量
threading.enumerate()	返回一个包含正在运行的线程的 list。正在运行指线程启动后、结束前，不包括启动前和终止后的线程
threading.activeCount()	返回正在运行的线程数量，与 len(threading.enumerate())有相同的结果

除使用方法外，线程模块同样提供了 Thread 类来处理线程，Thread 类提供的方法及其描述见表 8-2。

表 8-2 Thread 类提供的方法及描述

方法	描述
run()	用以表示线程活动的方法
start()	启动线程活动
join([time])	等待至线程中止。阻塞会调用线程，直至线程的 join() 方法被调用正常退出，或者抛出未处理的异常，或者是可选的超时发生
isAlive()	返回线程是否活动的
getName()	返回线程名
setName()	设置线程名

【例 8-2】通过 threading.Thread 继承创建一个新的子类，并实例化后调用 start()方法启动新线程。实例代码如下：

```python
#!/usr/bin/python3

import threading
import time

exitFlag = 0

class myThread(threading.Thread):
    def __init__(self,threadID,name,counter):
        threading.Thread.__init__(self)
        self.threadID = threadID
        self.name = name
        self.counter = counter
    def run(self):
        print ("开始线程： " +self.name)
        print_time(self.name,self.counter, 5)
        print ("退出线程： " +self.name)
def print_time(threadName, delay, counter):
    while counter:
        if exitFlag:
            threadName.exit()
        time.sleep(delay)
        print ("%s: %s" % (threadName,time.ctime(time.time())))
        counter -= 1

# 创建新线程
thread1 = myThread(1,"Thread-1",1)
thread2 = myThread(2,"Thread-2",2)

# 开启新线程
thread1.start()
thread2.start()
thread1.join()
thread2.join()

print ("退出主线程")
```

以上程序运行结果为：

开始线程：Thread-1 开始线程：Thread-2

Thread-1: Sat Mar 24 12:18:07 2018
Thread-2: Sat Mar 24 12:18:08 2018
Thread-1: Sat Mar 24 12:18:08 2018
Thread-1: Sat Mar 24 12:18:09 2018
Thread-2: Sat Mar 24 12:18:10 2018
Thread-1: Sat Mar 24 12:18:10 2018
Thread-1: Sat Mar 24 12:18:11 2018

退出线程：Thread-1
Thread-2: Sat Mar 24 12:18:12 2018
Thread-2: Sat Mar 24 12:18:14 2018
Thread-2: Sat Mar 24 12:18:16 2018
退出线程：Thread-2
退出主线程

8.3 线程同步

8.3.1 线程锁

多线程的优势在于可以同时运行多个任务。但是当线程需要共享数据时，可能存在数据不同步的问题。例如，一个列表里所有元素都是 0，线程 set 从后向前把所有元素改成 1，而线程 print 负责从前往后读取列表并打印。那么，可能线程 set 开始改的时候，线程 print 来打印列表了，输出就成了一半 0 一半 1，这就是数据的不同步。为了避免这种情况，引入了锁的概念。

锁有两种状态——锁定和未锁定。每当一个线程比如 set 要访问共享数据时，必须先获得锁定；如果已经有别的线程比如 print 获得锁定了，那么就让线程 set 暂停，也就是同步阻塞；等到线程 print 访问完毕，释放锁以后，再让线程 set 继续。经过这样的处理，打印列表时要么全部输出 0，要么全部输出 1，不会再出现一半 0 一半 1 的情况。

Python 使用 Thread 对象的 Lock 和 Rlock 可以实现简单的线程同步，这两个对象都有 acquire()方法和 release()方法，对于那些需要每次只允许一个线程操作的数据，可以将其操作放到 acquire()和 release()方法之间。如果当前的状态为 unlocked，则 acquire()方法会将状态改为 locked 然后立即返回。当状态为 locked 的时候，acquire()方法将被阻塞直到另一个线程中调用 release()方法来将状态改为 unlocked，然后 acquire()方法才可以再次将状态置为 locked。

【例 8-3】线程同步。实例代码如下：

```
#!/usr/bin/python3

import threading
import time

class myThread (threading.Thread):
    def __init__(self, threadID, name, counter):
        threading.Thread.__init__(self)
        self.threadID = threadID
        self.name = name
        self.counter = counter
    def run(self):
        print ("开启线程：  " + self.name)
        # 获取锁，用于线程同步
        threadLock.acquire()
        print_time(self.name, self.counter, 3)
```

```
            # 释放锁，开启下一个线程
            threadLock.release()

    def print_time(threadName, delay, counter):
        while counter:
            time.sleep(delay)
            print ("%s: %s" % (threadName, time.ctime(time.time())))
            counter -= 1

threadLock = threading.Lock()
threads = []

# 创建新线程
thread1 = myThread(1, "Thread-1", 1)
thread2 = myThread(2, "Thread-2", 2)

# 开启新线程
thread1.start()
thread2.start()

# 添加线程到线程列表
threads.append(thread1)
threads.append(thread2)

# 等待所有线程完成
for t in threads:
    t.join()

print ("退出主线程")
```

以上程序运行结果为：

```
开启线程：   Thread-1 开启线程：   Thread-2

Thread-1: Sat Mar 24 12:24:44 2018
Thread-1: Sat Mar 24 12:24:45 2018
Thread-1: Sat Mar 24 12:24:46 2018
Thread-2: Sat Mar 24 12:24:48 2018
Thread-2: Sat Mar 24 12:24:50 2018
Thread-2: Sat Mar 24 12:24:52 2018
退出主线程
```

【例 8-4】通过线程锁实现数据的修改和打印同步。实例代码如下：

```
#!/usr/bin/python3

import threading
import time

globals_num = 0
lock = threading.RLock()
```

```python
def Func():
    # 获得锁
    lock.acquire()
    global globals_num
    globals_num += 1
    time.sleep(1)
    print(globals_num,end="")
    # 释放锁
    lock.release()
for i in range(10):
    t = threading.Thread(target=Func)
    t.start()
```

以上程序运行结果为：

12345678910

【例 8-5】只有一个线程可以访问共享资源。实例代码如下：

```python
#!/usr/bin/python3

import threading
import time

num = 0
lock = threading.Lock()
def func(st):
    global num
    print (threading.currentThread().getName() + ' try to acquire the lock')
    if lock.acquire():
        print (threading.currentThread().getName() + ' acquire the lock.' )
        print (threading.currentThread().getName() +" :%s" % str(num) )
        num += 1
        time.sleep(st)
        print (threading.currentThread().getName() + ' release the lock.'   )
        lock.release()

t1 = threading.Thread(target=func, args=(8,))
t2 = threading.Thread(target=func, args=(4,))
t3 = threading.Thread(target=func, args=(2,))

t1.start()
t2.start()
t3.start()
```

以上程序运行结果为：

Thread-1 acquire the lock.
Thread-1 :0
Thread-1 release the lock.
Thread-2 acquire the lock.
Thread-2 :1

```
Thread-2 release the lock.
Thread-3 acquire the lock.
Thread-3 :2
Thread-3 release the lock.
```

以上程序中,Lock.acquire()函数可以使用参数。Lock.acquire(blocking=True, timeout=-1),其中 blocking 参数表示是否阻塞当前线程等待,timeout 表示阻塞时的等待时间。如果成功地获得 lock,则 acquire()函数返回 True,否则返回 False。timeout 超时后如果还没有获得 lock,仍然返回 False。

8.3.2 threading.RLock 和 threading.Lock 的区别

threading.Lock()加载线程的锁对象,是一个基本的锁对象,一次只能一个锁定,其余锁请求,需等待锁释放后才能获取。threading.RLock()多重锁,在同一线程中可用被多次用 acquire()方法。如果使用 RLock,那么方法 acquire()和 release()必须成对出现,调用了 n 次 acquire()锁请求,则必须调用 n 次的 release()才能在线程中释放锁对象。如果 threading.Lock() 同时加载两个线程的锁对象,使用以下代码:

```
import threading
lock = threading.Lock()            #Lock 对象
lock.acquire()
lock.acquire()                     #产生了死锁
lock.release()
lock.release()
```

以上程序由于同时加载两个线程的锁对象,而无法正常运行。如果使用 threading.RLock()同时加载两个线程的锁对象,使用以下代码:

```
import threading
rLock = threading.RLock()          #RLock 对象
rLock.acquire()
rLock.acquire()                    #在同一线程内,程序不会堵塞
rLock.release()
rLock.release()
```

以上程序虽然同时加载两个线程的锁对象,但是可以正常运行。

8.3.3 BoundedSemaphore

BoundedSemaphore 是个最简单的计数器,有两个方法 acquire()和 release(),如果有多个线程调用 acquire()方法,acquire()方法会阻塞住,每当调用一次 acquire()方法,就做一次减 1 操作,每当调用三次 release()方法,就加 1,如果最后的计数数值大于调用 acquire()方法的线程数目,release()方法会抛出 ValueError 异常。

【例 8-6】线程产生和消费过程。实例代码如下:

```
#!/usr/bin/python3

import random, time
from threading import BoundedSemaphore, Thread
```

```python
max_items = 5
container = BoundedSemaphore(max_items)

def producer(nloops):
    for i in range(nloops):
        time.sleep(random.randrange(2, 5))
        print(time.ctime(), end=": ")
        try:
            container.release()
            print("Produced an item.")
        except ValueError:
            print("Full, skipping.")

def consumer(nloops):
    for i in range(nloops):
        time.sleep(random.randrange(2, 5))
        print(time.ctime(), end=": ")
        if container.acquire(False):
            print("Consumed an item.")
        else:
            print("Empty, skipping.")

threads = []
nloops = random.randrange(3, 6)
print("Starting with %s items." % max_items)

threads.append(Thread(target=producer, args=(nloops,)))
threads.append(Thread(target=consumer, args=(random.randrange(nloops, nloops+max_items+2),)))
for thread in threads:
    thread.start()
for thread in threads:
    thread.join()

print("All done.")
```

以上程序运行结果为：

```
Starting with 5 items.
Tue Mar 27 17:16:26 2018: Consumed an item.
Tue Mar 27 17:16:27 2018: Produced an item.
Tue Mar 27 17:16:28 2018: Consumed an item.
Tue Mar 27 17:16:30 2018: Consumed an item.
Tue Mar 27 17:16:31 2018: Produced an item.
Tue Mar 27 17:16:33 2018: Consumed an item.
Tue Mar 27 17:16:34 2018: Produced an item.
Tue Mar 27 17:16:36 2018: Consumed an item.
Tue Mar 27 17:16:37 2018: Produced an item.
Tue Mar 27 17:16:40 2018: Consumed an item.
Tue Mar 27 17:16:42 2018: Consumed an item.
```

Tue Mar 27 17:16:44 2018: Consumed an item.
Tue Mar 27 17:16:47 2018: Consumed an item.
All done.

threading 模块还提供了一个 Semaphore 对象，它允许你可以任意次的调用 release()函数，但是最好还是使用 BoundedSemaphore 对象，这样在 release()调用次数过多时会报错，有益于查找错误。Semaphores 最长用来限制资源的使用，比如最多十个进程。

8.3.4 event

Python 提供了 Event 对象用于线程间通信，它是由线程设置的信号标志，如果信号标志位为 False，则线程等待直到信号被其他线程设置成 True。Event 对象实现了简单的线程通信机制，它提供了设置信号、清除信号、等待等方法用于实现线程间的通信。

（1）set()方法

使用 Event 的 set()方法可以设置 Event 对象内部的信号标志位为 True。Event 对象提供了 isSet()方法来判断其内部信号标志的状态，当使用 event 对象的 set()方法后，isSet()方法返回 True。

（2）clear()方法

使用 Event 对象的 clear()方法可以清除 Event 对象内部的信号标志，即将其设为 False，当使用 Event 的 clear()方法后，isSet()方法返回 False。

（3）wait()方法

Event 对象的 wait()方法只有在内部信号为 True 的时候才会很快地执行并完成返回。当 Event 对象的内部信号标志位为 False 时，则 wait()方法一直等待到其为 True 时才返回。

通过使用 Event 可以让工作线程优雅地退出。

【例 8-7】线程阻塞。实例代码如下：

```
#!/usr/bin/python3

import threading, time
import random

def light():
    if not event.isSet():
        event.set()   #绿灯状态 wait()就不阻塞
    count = 0
    i=0
    while True:
        if count <10:
            print("---green light on ---")
        elif count<13:
            print("---yellow light on ---")
        elif count <20:
            if event.isSet():
                event.clear()
            print("---red light on ---")
        else:
```

```python
            count = 0
            event.set()              #打开绿灯
        time.sleep(1)
        count +=1
        i+=1
        if(i>20):
            break
def car(n):
    i=0
    while 1:
        time.sleep(random.randrange(3))
        if event.isSet():            #如果是绿灯
            print("car [%s] is running.."%n)
        else:
            print("car [%s] is waiting for the red light.."%n)
        if(i>10):
            break
        else:
            i+=1

if __name__ == '__main__':
    event = threading.Event()
    Light = threading.Thread(target=light)
Light.start()
    for i in range(3):
        t = threading.Thread(target=car,args=(i,))
        t.start()
```

以上程序运行结果为:

>>> ---green light on ---car [0] is running..

car [0] is running..---green light on ---

car [0] is running..
car [0] is running..
car [0] is running..
car [1] is running..car [2] is running..

car [1] is running..
---green light on ---
car [0] is running..---green light on ---

car [2] is running..
car [1] is running..
---green light on ---

car [1] is running..
car [1] is running..
car [0] is running..---green light on ---

car [2] is running..
car [1] is running..
---green light on ---
car [0] is running..
---green light on ---
car [2] is running..
car [1] is running..car [0] is running..

car [1] is running..car [0] is running..

car [1] is running..
car [1] is running..
car [1] is running..
car [1] is running..
---green light on ---
car [0] is running..
---green light on ---
car [2] is running..
car [0] is running..
---yellow light on ---
car [2] is running..
---yellow light on ---
car [2] is running..
---yellow light on ---
---red light on ---
car [2] is waiting for the red light..
---red light on ---
---red light on ---
car [2] is waiting for the red light..
---red light on ---
---red light on ---
car [2] is waiting for the red light..
---red light on ---
car [2] is waiting for the red light..
car [2] is waiting for the red light..
---red light on ---

8.3.5 conditions

conditions 是比 event 更加高级一些的同步原语，用于用户多线程间的通信和通知。比如 A 线程通知 B 线程资源已经可以被消费。其他的线程必须在调用 wait()方法前调用 acquire()方法。

同样每个线程在资源使用完以后要调用 release() 方法，这样其他线程就可以继续执行了。

【例 8-8】使用 conditions 实现的一个线程产生和消费。实例代码如下：

```python
#!/usr/bin/python3

import random, time
from threading import Condition, Thread

condition = Condition()
box = []

def producer(box, nitems):
    for i in range(nitems):
        time.sleep(random.randrange(2, 5))
        condition.acquire()
        num = random.randint(1, 10)
        box.append(num)
        condition.notify()
        print("Produced:", num)
        condition.release()

def consumer(box, nitems):
    for i in range(nitems):
        condition.acquire()
        condition.wait()
        print("%s: Acquired: %s" % (time.ctime(), box.pop()))
        condition.release()

threads = []
nloops = random.randrange(3, 6)

for func in [producer, consumer]:
    threads.append(Thread(target=func, args=(box, nloops)))
    threads[-1].start()

for thread in threads:
    thread.join()
print("All done.")
```

以上程序运行结果为：

```
Produced: 2
Tue Mar 27 17:29:17 2018: Acquired: 2
Produced: 3
Tue Mar 27 17:29:20 2018: Acquired: 3
Produced: 1
Tue Mar 27 17:29:24 2018: Acquired: 1
Produced: 3
Tue Mar 27 17:29:26 2018: Acquired: 3
All done.
```

8.3.6 barriers

barriers 是"屏障"的意思。它是 Python 中进行线程（或进程）同步的方法。如果程序中每个线程都调用 wait()方法，当其中一个线程执行到 wait()方法处会立即阻塞，一直等到所有线程都执行到 wait()方法处所有线程才会继续执行。

【例 8-9】用 barriers 实现线程同步。实例代码如下：

```python
#!/usr/bin/python3

import time
import threading

bar = threading.Barrier(3)   # 创建 barrier 对象，指定满足 3 个线程

def worker1():
    print("worker1")
    time.sleep(1)
    bar.wait()
    print("worker1 end")

def worker2():
    print("worker2")
    time.sleep(2)
    bar.wait()
    print("worker2 end")

def worker3():
    print("worker3")
    time.sleep(5)
    bar.wait()
    print("worker3 end")


thread_list = []
t1 = threading.Thread(target=worker1)
t2 = threading.Thread(target=worker2)
t3 = threading.Thread(target=worker3)
thread_list.append(t1)
thread_list.append(t2)
thread_list.append(t3)

for t in thread_list:
    t.start()
```

以上程序运行结果为：

```
>>> worker1worker2worker3

worker3 endworker2 endworker1 end
```

8.4 Queue 模块

Python 的 Queue（队列）模块中提供了同步的、线程安全的队列类，包括 FIFO（先入先出）队列、LIFO（后入先出）队列和 PriorityQueue（优先级）队列。可以使用队列来实现线程间的同步。Queue 模块中的常用方法见表 8-3。

表 8-3 Queue 模块常用方法

方法	描述
Queue.qsize()	返回队列的大小
Queue.empty()	如果队列为空，返回 True，反之返回 False
Queue.full()	如果队列满了，返回 True，反之返回 False，Queue.full 与 maxsize 大小对应
Queue.get([block[, timeout]])	获取队列，timeout 为等待时间
Queue.get_nowait()	相当于 Queue.get(False)
Queue.put(item)	写入队列，timeout 为等待时间
Queue.put_nowait(item)	相当于 Queue.put(item, False)
Queue.task_done()	在完成一项工作之后，向任务已经完成的队列发送一个信号
Queue.join()	实际上意味着等到队列为空再执行别的操作

8.4.1 FIFO 队列

FIFO 是先进先出队列。Queue 提供了一个基本的 FIFO 类容器。queue.Queue(maxsize=0) 方法的使用很简单，maxsize 是个整数，指明了队列中能存放的数据个数的上限。一旦达到上限，插入会导致阻塞，直到队列中的数据被消费掉。如果 maxsize 小于或者等于 0，队列大小没有限制。

【例 8-10】FIFO 队列。实例代码如下：

```
#!/usr/bin/python3

import queue

q = queue.Queue()
for i in range(5):
    q.put(i)
while not q.empty():
    print (q.get(),end="")
```

以上程序运行结果为：

01234

8.4.2 LIFO 队列

LIFO 即后进先出队列，与栈类似。queue.LifoQueue(maxsize=0) 使用也很简单，maxsize

用法同 FIFO 队列一致。

【例 8-11】FIFO 队列。实例代码如下：

```python
#!/usr/bin/python3

import queue

q = queue.LifoQueue()
for i in range(5):
    q.put(i)
while not q.empty():
    print (q.get(),end="")
```

以上程序运行结果为：

43210

【例 8-12】用 FIFO 队列创建线程。实例代码如下：

```python
#!/usr/bin/python3

import queue
import threading
import time

exitFlag = 0

class myThread (threading.Thread):
    def __init__(self, threadID, name, q):
        threading.Thread.__init__(self)
        self.threadID = threadID
        self.name = name
        self.q = q
    def run(self):
        print ("开启线程： " + self.name)
        process_data(self.name, self.q)
        print ("退出线程： " + self.name)

def process_data(threadName, q):
    while not exitFlag:
        queueLock.acquire()
        if not workQueue.empty():
            data = q.get()
            queueLock.release()
            print ("%s processing %s" % (threadName, data))
        else:
            queueLock.release()
        time.sleep(1)

threadList = ["Thread-1", "Thread-2", "Thread-3"]
nameList = ["One", "Two", "Three", "Four", "Five"]
```

```python
queueLock = threading.Lock()
workQueue = queue.Queue(10)
threads = []
threadID = 1

# 创建新线程
for tName in threadList:
    thread = myThread(threadID, tName, workQueue)
    thread.start()
    threads.append(thread)
    threadID += 1

# 填充队列
queueLock.acquire()
for word in nameList:
    workQueue.put(word)
queueLock.release()

# 等待队列清空
while not workQueue.empty():
    pass

# 通知线程退出时刻
exitFlag = 1

# 等待所有线程完成
for t in threads:
    t.join()
print ("退出主线程")
```

以上程序运行结果为：

开启线程：Thread-2 开启线程：Thread-3 开启线程：Thread-1

Thread-2 processing One
Thread-1 processing TwoThread-3 processing Three

Thread-2 processing FourThread-1 processing Five

退出线程：Thread-3 退出线程：Thread-2 退出线程：Thread-1

退出主线程

【例 8-13】队列优先级。实例代码如下：

```
#!/usr/bin/python3

import queue
```

```python
import threading
import time

exitFlag = 0
class myThread (threading.Thread):
    def __init__(self, threadID, name, q):
        threading.Thread.__init__(self)
        self.threadID = threadID
        self.name = name
        self.q = q
    def run(self):
        print ("开启线程: " + self.name)
        process_data(self.name, self.q)
        print ("退出线程: " + self.name)

def process_data(threadName, q):
    while not exitFlag:
        queueLock.acquire()
        if not workQueue.empty():
            data = q.get()
            queueLock.release()
            print ("%s processing %s" % (threadName, data))
        else:
            queueLock.release()
        time.sleep(1)

threadList = ["Thread-1", "Thread-2", "Thread-3"]
nameList = ["One", "Two", "Three", "Four", "Five"]
queueLock = threading.Lock()
workQueue = queue.Queue(10)
threads = []
threadID = 1

# 创建新线程
for tName in threadList:
    thread = myThread(threadID, tName, workQueue)
    thread.start()
    threads.append(thread)
    threadID += 1

# 填充队列
queueLock.acquire()
for word in nameList:
    workQueue.put(word)
queueLock.release()
```

```
    # 等待队列清空
    while not workQueue.empty():
        pass

    # 通知线程退出时刻
    exitFlag = 1

    # 等待所有线程完成
    for t in threads:
        t.join()
    print ("退出主线程")
```
以上程序运行结果为：

开启线程：Thread-2 开启线程：Thread-3 开启线程：Thread-1

Thread-2 processing One
Thread-3 processing Two

Thread-1 processing Three
Thread-3 processing FourThread-2 processing Five

退出线程：Thread-1
退出线程：Thread-3 退出线程：Thread-2

退出主线程

习 题

一、填空题

1．进程一般由_____、_____和_____三部分组成。
2．_____是一个基本的 CPU 执行单元，也是程序执行过程中的最小单元。
3．Python 3.0 中使用线程有两种方式：_____或者用_____类来包装线程对象。
4．Python 3.0 通过两个标准库_____和_____提供对线程的支持。
5．锁有两种状态：_____和_____。
6．Python 3.0 的 Queue（队列）模块中提供了同步的、线程安全的队列类，包括_____队列、_____队列和_____队列。
7．Python 3.0 中的 threading.Event()线程事件用于主线程控制其他线程的执行，事件主要提供了三个方法：_____、_____和_____。

二、选择题

1．使用指令对象的（　　）方法可以申请指令锁。
　　A．acquire() 　　　　　　　　　　B．Lock()
　　C．apply() 　　　　　　　　　　　D．release()

2. 不能用于创建进程的方法为（　　）。
   A. NewProcess　　　　　　　　B. suprocess
   C. subprocess.Popen()　　　　D. NewProcess
3. 可以用来管理进程的模块是（　　）。
   A. suprocess　　　　　　　　　B. process
   C. threading　　　　　　　　　D. thread

三、简答题

1. 简单叙述创建线程的方法。
2. 简单叙述 Thread 对象有哪些方法。

第 9 章　数据库编程

随着数据库技术的广泛应用，开发各种数据库应用程序已成为计算机应用的一个重要方面。Python 同样具有强大的数据库操作功能。

本章学习重点：

- 基于 SQLite 数据库编程
- 基于 MySQL 数据库编程
- 数据库创建
- 数据查询
- 数据修改

9.1　数据库简介

数据库（Database）是按照数据结构来组织、存储和管理数据的仓库，它产生于 20 世纪 60 年代。随着信息技术和市场的发展，特别是 20 世纪 90 年代以后，数据管理不再仅仅是存储和管理数据，也变成了用户所需要的各种数据管理的方式。数据库有很多种类型，从最简单的存储各种数据的表格到能够进行海量数据存储的大型数据库系统，在各个方面都得到了广泛的应用。

在信息化社会，充分有效地管理和利用各类信息资源是进行科学研究和决策管理的前提条件。数据库技术是管理信息系统、办公自动化系统、决策支持系统等各类信息系统的核心部分，是进行科学研究和决策管理的重要技术手段。

9.1.1　数据库系统管理

随着计算机在数据管理领域的普遍应用，人们对数据管理技术提出了更高的要求。希望面向企业或部门，以数据为中心组织数据，减少数据的冗余，提供更高的数据共享能力，同时要求程序和数据具有较高的独立性，当数据的逻辑结构改变时，不涉及数据的物理结构，也不影响应用程序，以降低应用程序研制与维护的费用。数据库管理技术正是在这样的应用需求基础上发展起来的。

概括起来，数据库系统的数据管理具有以下几个特点：
- 采用数据模型表示复杂的数据结构。数据模型不仅描述数据本身的特征，还要描述数据之间的联系，这种联系通过所有存取路径。通过所有存取路径表示自然的数据联系是数据库与传统文件的根本区别。这样，数据不再面向特定的某个或多个应用，而是面对整个应用系统。如面向企业或部门，以数据为中心组织数据，形成综合性的数据库，为各应用共享。

- 由于面对整个应用系统，使得数据冗余小、易修改、易扩充，实现了数据共享。不同的应用程序根据处理要求，从数据库中获取需要的数据，这样就减少了数据的重复存储，也便于增加新的数据结构、维护数据的一致性。
- 对数据进行统一管理和控制，提供了数据的安全性、完整性，以及并发控制。
- 程序和数据有较高的独立性。数据的逻辑结构与物理结构之间的差别可以很大，用户以简单的逻辑结构操作数据而无须考虑数据的物理结构。
- 具有良好的用户接口，用户可方便地开发和使用数据库。

从文件系统发展到数据库系统，这在信息领域中具有里程碑的意义。在文件系统阶段，人们在信息处理中关注的中心问题是系统功能的设计，因此程序设计占主导地位；而在数据库方式下，数据开始占据了中心位置，数据的结构设计成为信息系统首先关心的问题，而应用程序则以既定的数据结构为基础进行设计。

9.1.2 关系型数据库

数据库通常分为层次式数据库、网状式数据库和关系型数据库三种。而不同的数据库是按不同的数据结构来联系和组织的。其中关系型数据库是最常见的数据库模型。

（1）关系型数据库的由来

虽然网状数据库和层次数据库已经很好地解决了数据的集中和共享问题，但是在数据库独立性和抽象级别上仍有很大欠缺。用户在对这两种数据库进行存取时，仍然需要明确数据的存储结构，指出存取路径。而关系型数据库就可以较好地解决这些问题。

（2）关系型数据库特点

关系型数据库模型是把复杂的数据结构归结为简单的二元关系（即二维表格形式），见表9-1。表是数据库中存放关系数据的集合，在关系型数据库中，对数据的操作几乎全部建立在一个或多个关系表格上，通过对这些关联的表格分类、合并、连接或选取等运算来实现数据库的管理。一个数据库里面通常都包含多个表，比如学生的选课情况表，班级的基本情况表，学校的课程统计表等。

表 9-1 学生选课情况表

姓名	学号	课程号	课程名	成绩
Peter	201750001	A1324	Python 程序设计	91
Mike	201750002	A1346	计算机病毒防治	88
Leo	201750003	A1324	Python 程序设计	91
Den	201750004	A1455	数据库应用	92
Lisab	201750005	A1650	计算机网络	86

关系型数据库诞生 40 多年了，从理论产生发展到现实产品，例如 Oracle 和 MySQL，Oracle 在数据库领域形成每年高达数百亿美元的庞大产业市场。

9.2 SQLite 数据库应用

9.2.1 关于 SQLite 数据库

1. 什么是 SQLite 数据库

SQLite 是嵌入式关系数据库管理系统。它的数据库就是一个文件。由于 SQLite 本身是用 C 语言写的，而且体积很小，所以经常被集成到各种应用程序中，甚至在 iOS 和 Android 的 App 中都可以被集成。

SQLite 是一个进程内的库，实现了自给自足的、无服务器的、零配置的、事务性的 SQL 数据库引擎。它是一个零配置的数据库，这意味着与其他数据库一样，不需要在系统中进行配置。

与其他数据库类似，SQLite 引擎不是一个独立的进程，可以按应用程序需求进行静态或动态连接。SQLite 直接访问其存储文件。

在 Python 2.7 以上的版本中内置了 SQLite3，所以，在 Python 中可以直接使用 SQLite，不需要再安装。

2. SQLite 数据库的特点

SQLite 数据库具有以下特点：

- 不需要一个单独的服务器进程或操作的系统（无服务器的）。
- SQLite 不需要配置，这意味着不需要安装或管理。
- 一个完整的 SQLite 数据库是存储在一个单一的跨平台的磁盘文件里。
- SQLite 是非常小的，是轻量级的，完全配置时小于 400KiB，省略可选功能配置时小于 250KiB。
- SQLite 是自给自足的，这意味着它不需要依赖任何外部的帮助。
- SQLite 事务是完全兼容 ACID 的，允许从多个进程或线程安全访问。
- SQLite 支持 SQL92（SQL2）标准的大多数查询语言的功能。
- SQLite 使用 ANSI-C 编写的，并提供了简单和易于使用的 API。
- SQLite 可在 UNIX（Linux，Mac OS-X，Android，iOS）和 Windows（Win32，WinCE，WinRT）中运行。

9.2.2 连接 SQLite 数据库

在 SQLite 中，sqlite3 命令用于创建新的数据库，语法如下：

    sqlite3 DatabaseName.db

参数说明：

DatabaseName.db：数据库名称，在关系型数据库（Relational Database Management System，RDBMS）中应该是唯一的。如果数据库不存在，则将自动创建具有给定名称的新数据库文件。

【例 9-1】连接一个指定的数据库。如果数据库不存在，那么将在 Python 的安装目录下创建这个数据库，最后返回这个数据库对象。实例代码如下：

    #!/usr/bin/python

```
import sqlite3
conn = sqlite3.connect('pystudy.db')
print ("Opened database successfully");
```

以上程序运行结果为:

```
==== RESTART: C:/Users/57877/AppData/Local/Programs/Python/Python36/1..py ====
Opened database successfully
```

可以在 Python 的安装目录下查看创建的数据库,如图 9-1 所示。

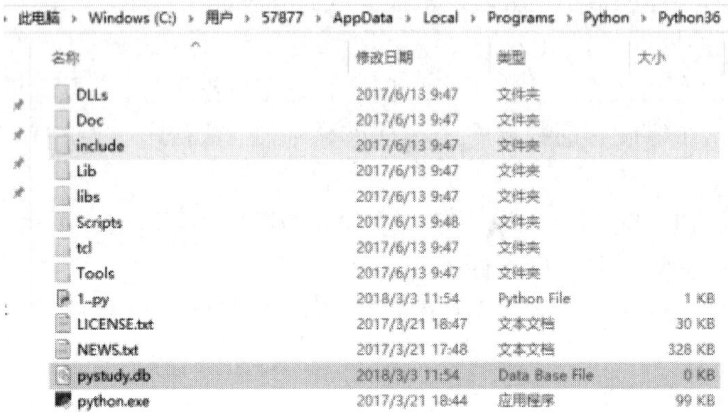

图 9-1 创建数据库

9.2.3 创建表

在 SQLite 中使用 CREATE TABLE 语句可在任何给定的数据库中创建一个新表。创建基本表涉及到命名表、定义列及每一列的数据类型。CREATE TABLE 语句的基本语法如下:

CREATE TABLE database_name.table_name(

column1 datatype PRIMARY KEY(one or more columns),

column2 datatype,

column3 datatype,

...

columnN datatype);

参数说明:

- database_name.table_name:创建的表名称。
- column:每列的名称。
- datatype:数据类型。

【例 9-2】在已经创建的数据库 pystudy.db 中新建一个 student 表,内容见表 9-2。实例代码如下:

```
#!/usr/bin/python

import sqlite3

# 打开数据库连接
```

```python
conn = sqlite3.connect('pystudy.db')
print ("Opened database successfully");

# 创建一个表 student
conn.execute('''CREATE TABLE student
        (ST_ID INT PRIMARY KEY NOT NULL,
        ST_NAME TEXT NOT NULL,
        AGE INT NOT NULL,
        CLASS CHAR NOT NULL);''')
print ("Table created successfully");
conn.close()
```

以上程序运行结果为：

Opened database successfully
Table created successfully

表 9-2　student 表

ST_ID（学号，主键）	ST_NAME（姓名）	AGE（年龄）	CLASS（所在班级）

【例 9-3】在已经创建的数据库 pystudy.db 中新建一个表 class_state，内容见表 9-3。实例代码如下：

```python
#!/usr/bin/python

import sqlite3

# 打开数据库连接
conn = sqlite3.connect('pystudy.db')
print ("Opened database successfully");

# 创建一个表 class_state
conn.execute('''CREATE TABLE class_state
        (CL_ID INT PRIMARY KEY NOT NULL,
        CL_NAME TEXT NOT NULL,
        NUM INT NOT NULL,
        DEPART CHAR NOT NULL);''')
print ("Table created successfully");
conn.close()
```

以上程序运行结果为：

Opened database successfully
Table created successfully

表 9-3　class_state 表

CL_ID（班级号，主键）	CL_NAME（班级名称）	NUM（学生人数）	DEPART（所在系部）

9.2.4 删除表

在 SQLite 中使用 DROP TABLE 语句来删除表定义及其所有相关数据、索引、触发器、约束和该表的权限规范。使用该命令时要特别注意，因为一旦一个表被删除，表中所有信息也将永远失去。DROP TABLE 语句的基本语法如下：

DROP TABLE database_name.table_name;

参数说明：

database_name.table_name：要删除的表。

【例 9-4】在已经创建的数据库 pystudy.db 中删除表 class_state。实例代码如下：

```
#!/usr/bin/python

import sqlite3

#打开数据库连接
conn = sqlite3.connect('pystudy.db')
print ("Opened database successfully");

#清除已存在的表  class_state
conn.execute('''DROP TABLE class_state ''');
print("Delete class_state table successfully")

conn.close()
```

以上程序运行结果为：

Opened database successfully
Delete class_state table successfully

9.2.5 向表中添加数据

在 SQLite 中 INSERT INTO 语句用于向数据库的某个表中添加新的数据行。INSERT INTO 语句有两种基本语法，如下所示：

INSERT INTO TABLE [(column1,column2,column3,...columnN)]
VALUES(value1,value2,value3,...valueN);

参数说明：

- TABLE：添加数据的表。
- column1,column2,...columnN：插入数据表中的列的名称。
- value1,value2,value3,...valueN：插入列中的具体值。

【例 9-5】在已经创建的 student 表中添加数据。实例代码如下：

```
#!/usr/bin/python

import sqlite3

#打开数据库连接
conn = sqlite3.connect('pystudy.db')
```

```
print ("Opened database successfully");

#插入数据
conn.execute("INSERT INTO student (ST_ID,ST_NAME,AGE,CLASS) \
        VALUES (20170001, 'Maliang', 19, '信息安全1701班' )");
conn.execute("INSERT INTO student (ST_ID,ST_NAME,AGE,CLASS) \
        VALUES (20170002, 'Allen', 18, '信息安全1701班' )");
conn.execute("INSERT INTO student (ST_ID,ST_NAME,AGE,CLASS) \
        VALUES (20170003, 'Weiwang', 18, '信息安全1701班' )");
conn.execute("INSERT INTO student (ST_ID,ST_NAME,AGE,CLASS) \
        VALUES (20170004,'Marklee', 18, '信息安全1701班')");
conn.commit()
print ("Records Insert successfully");

conn.close()
```

以上程序运行结果为：

Opened database successfully
Records Insert successfully

添加数据后，student 表中内容见表 9-4。

表 9-4 student 表数据内容

ST_ID（学号，主键）	ST_NAME（姓名）	AGE（年龄）	CLASS（所在班级）
20170001	Maliang	19	信息安全1701班
20170002	Allen	18	信息安全1701班
20170003	Weiwang	18	信息安全1701班
20170004	Marklee	18	信息安全1701班

9.2.6 查找数据

在 SQLite 中使用 SELECT 语句从 SQLite 数据库表中获取数据并返回数据。SQLite 的 SELECT 语句的基本语法如下：

SELECT column1,column2,…columnN FROM TABLE

参数说明：

- column：要查找的数据列。
- TABLE：要查找的表。

如果要获取所有可用的数据列中的值，也可以使用下面的语法：

SELECT * FROM TABLE;

【例 9-6】在已经创建的 student 表中查找数据并打印。实例代码如下：

```
#!/usr/bin/python

import sqlite3
```

```
# 打开数据库连接
conn = sqlite3.connect('pystudy.db')
print ("Opened database successfully");

#查找数据
cursor = conn.execute("SELECT ST_ID,ST_NAME,AGE,CLASS FROM student")
for row in cursor:
    print ("ST_ID= ", row[0])
    print ("ST_NAME = ", row[1])
    print ("AGE = ", row[2])
    print ("CLASS = ", row[3], "\n")
print ("Select Operation done successfully.");

conn.close()
```

以上程序运行结果为：

Opened database successfully
ST_ID=   20170001
ST_NAME =   Maliang
AGE =   19
CLASS =   信息安全1701班

ST_ID=   20170002
ST_NAME =   Allen
AGE =   18
CLASS =   信息安全1701班

ST_ID=   20170003
ST_NAME =   Weiwang
AGE =   18
CLASS =   信息安全1701班

ST_ID=   20170004
ST_NAME =   Marklee
AGE =   18
CLASS =   信息安全1701班

Select Operation done successfully.

9.2.7 更新数据

在 SQLite 中使用 UPDATE 语句来查询并修改表中已有的数据。可以使用带有 WHERE 子句的 UPDATE 查询来更新选定行，否则所有的行都会被更新。带有 WHERE 子句的 UPDATE 查询更新语句的基本语法如下：

```
UPDATE TABLE
SET column1 = value1,column2=value2,...columnN=valueN
WHERE [condition];
```

参数说明：

condition：修改的数据需要满足的条件。可以使用 AND 或 OR 运算符来结合 N 个数量的条件。

【例 9-7】在已经创建的 student 表中更新数据并打印新表中的数据。实例代码如下：

```python
#!/usr/bin/python

import sqlite3

#打开数据库连接
conn = sqlite3.connect('pystudy.db')
print ("Opened database successfully");

#更新数据
conn.execute("UPDATE student SET AGE = 18 WHERE ST_ID=20170001")
conn.commit()

#统计更新的数据量
print ("Total number of rows updated :", conn.total_changes)
print ("Records insert successfully");

#输出更新后的数据
print ('-------------------------- start fetch data from student -------------------------');
cursor = conn.execute("SELECT ST_ID,ST_NAME,AGE,CLASS FROM student")
for row in cursor:
    print ("ST_ID = ", row[0])
    print ("ST_NAME = ", row[1])
    print ("AGE = ", row[2])
    print ("CLASS = ", row[3], "\n")
print ("Select Operation done successfully.");

conn.close()
```

以上程序运行结果为：

```
Opened database successfully
Total number of rows updated : 1
Records insert successfully
-------------------------- start fetch data from company -------------------------
ST_ID =  20170001
ST_NAME =  Maliang
AGE =  18
CLASS =  信息安全 1701 班

ST_ID =  20170002
ST_NAME =  Allen
AGE =  18
CLASS =  信息安全 1701 班
```

```
ST_ID =   20170003
ST_NAME =   Weiwang
AGE =   18
CLASS =   信息安全 1701 班

ST_ID =   20170004
ST_NAME =   Marklee
AGE =   18
CLASS =   信息安全 1701 班
```

Select Operation done successfully.

9.2.8 删除数据

在 SQLite 中使用 DELETE 语句来查询并删除表中已有的记录。可以使用带有 WHERE 子句的 DELETE 查询来删除选定行，否则所有的记录都会被删除。带有 WHERE 子句的 DELETE 查询删除语句的基本语法如下：

DELETE FROM TABLE
WHERE [condition];

参数说明：

condition：删除的数据需要满足的条件。可以使用 AND 或 OR 运算符来结合 N 个数量的条件。如果要从 COMPANY 表中删除所有记录，则不需要使用 WHERE 子句。

【例 9-8】在已经创建的 student 表中删除数据并打印新表中的数据。实例代码如下：

```python
#!/usr/bin/python

import sqlite3

#打开数据库连接
conn = sqlite3.connect('pystudy.db')
print ("Opened database successfully");

#删除数据
conn.execute("DELETE FROM student WHERE ST_ID=20170001")
conn.commit()

#统计删除的数据量
print ("Total number of rows updated :", conn.total_changes)
print ("Records Insert successfully");
print ('--------------------------- start fetch data from student ---------------------------');

#打印删除后的表
cursor = conn.execute("SELECT ST_ID,ST_NAME,AGE,CLASS FROM student")
for row in cursor:
    print ("SELECT ST_ID = ", row[0])
```

```
print ("ST_NAME = ", row[1])
print ("AGE = ", row[2])
print ("CLASS = ", row[3], "\n")

print ("Select Operation done successfully.");

conn.close()
```

以上程序运行结果为：

```
Opened database successfully
Total number of rows updated : 1
Records Insert successfully
-------------------------- start fetch data from student --------------------------
SELECT ST_ID =    20170002
ST_NAME =    Allen
AGE =    18
CLASS =    信息安全 1701 班

SELECT ST_ID =    20170003
ST_NAME =    Weiwang
AGE =    18
CLASS =    信息安全 1701 班

SELECT ST_ID =    20170004
ST_NAME =    Marklee
AGE =    18
CLASS =    信息安全 1701 班

Select Operation done successfully.
```

9.3 MySQL 数据库应用

9.3.1 关于 MySQL 数据库

MySQL 是一个关系型数据库管理系统，由瑞典 MySQL AB 公司开发，目前属于 Oracle 旗下产品。MySQL 是最流行的关系型数据库管理系统之一，在 Web 应用方面，MySQL 是最好的 RDBMS 之一。

关系数据库将数据保存在不同的表中，而不是将所有数据放在一个大仓库内，这样就提高了速度并增加了灵活性。MySQL 所使用的 SQL 语言是用于访问数据库的最常用的标准化语言。MySQL 软件采用了双授权政策，分为社区版和商业版，由于其体积小、速度快、总体拥有成本低，尤其是开放源码这一特点，一般中小型网站的开发都选择 MySQL 作为网站数据库。

9.3.2 安装 MySQL 数据库

所有平台的 MySQL 下载地址为：https://www.mysql.com/downloads/，下载对挑选需要的 MySQL Community Server 版本及对应的平台。

1. Linux 平台上 MySQL 安装

Linux 平台上推荐使用 RPM 包来安装 MySQL，MySQL AB 提供了以下 RPM 包的安装选项：

MySQL：MySQL 服务器。需要该选项，除非你只想连接运行在另一台机器上的 MySQL 服务器。

MySQL-client：MySQL 客户端程序，用于连接并操作 MySQL 服务器。

MySQL-devel：库和包含文件，如果你想要编译其他 MySQL 客户端，例如 Perl 模块，则需要安装此项。

MySQL-shared：该软件包包含某些语言和应用程序需要动态装载的共享库（libmysqlclient.so*）来使用 MySQL。

MySQL-bench：MySQL 数据库服务器的基准和性能测试工具。

2. Windows 平台上 MySQL 安装。

Windows 上安装 MySQL 相对来说较为简单，只需下载 Windows 版本的 MySQL 安装包并解压安装包，双击 setup.exe 文件，接下来只需要安装默认的配置单击"Next"按钮即可，默认情况下安装信息会在 C:\mysql 目录中。安装过程不再详细叙述。

在完成 MySQL 5.7 版本后，可以使用 MySQL Command Line Client 对数据库进行简单的操作。

（1）连接数据库

打开 MySQL Command Line Client，输入密码即可连接到 MySQL 数据库，如图 9-2 所示。

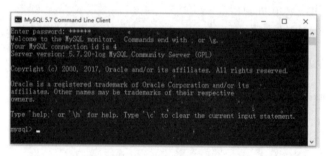

图 9-2　连接数据库

（2）创建数据库

可以使用 CREATE DATABASE 命令在 MySQL 中创建一个数据库 STUDYDB，如图 9-3 所示。

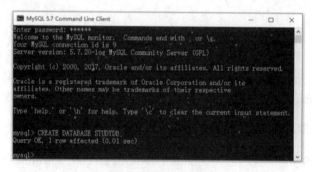

图 9-3　连接数据库

（3）查看数据库

可以使用 SHOW DATABASES;命令在 MySQL 中查看数据库，如图 9-4 所示。

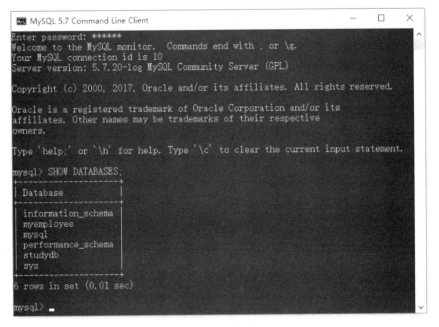

图 9-4　查看数据库

9.3.3　安装 PyMySQL 模块

PyMySQL 是在 Python 3.x 版本中用于连接 MySQL 服务器的一个库，Python2 中则使用 mysqldb。PyMySQL 遵循 Python 数据库 API v2.0 规范，并包含了 pure-Python MySQL 客户端库。

在使用 PyMySQL 之前，需要确定 PyMySQL 是否已安装。PyMySQL 的下载地址是 https://github.com/PyMySQL/PyMySQL。如果还未安装，可以使用以下命令安装最新版的 PyMySQL：

　　　　$ pip install PyMySQL

如果你的系统不支持 pip 命令，可以使用以下方式安装：

（1）使用 git 命令下载安装包安装（你也可以手动下载）。

　　　　$ git clone https://github.com/PyMySQL/PyMySQL
　　　　$ cd PyMySQL/
　　　　$ python3 setup.py install

（2）如果需要制定版本号，可以使用 curl 命令来安装。

　　　　$ # X.X 为 PyMySQL 的版本号
　　　　$ curl -L https://github.com/PyMySQL/PyMySQL/tarball/pymysql-X.X | tar xz
　　　　$ cd PyMySQL*
　　　　$ python3 setup.py install

9.3.4 连接数据库

在创建了 STUDYDB 数据库之后，可以使用 pymysql.connect()语句连接到数据库。

【例 9-9】使用 PyMySQL 模块连接 STUDYDB 数据库。实例代码如下：

```
#!/usr/bin/python3

import pymysql

# 打开数据库连接，root 是用户名，123456 是密码
db = pymysql.connect("localhost","root","123456","STUDYDB" )

# 使用 cursor() 方法创建一个游标对象 cursor
cursor = db.cursor()

# 使用 execute() 方法执行 SQL 查询
cursor.execute("SELECT VERSION()")

# 使用 fetchone() 方法获取单条数据
data = cursor.fetchone()
print ("Database version : %s " % data)

# 关闭数据库连接
db.close()
```

以上程序运行结果为：

Database version : 5.7.20-log

9.3.5 创建表

创建好数据库之后，可以使用 execute()语句来为数据库创建表。

【例 9-10】使用 execute()方法来为数据库创建 MYEMPLOYEE 表。实例代码如下：

```
#!/usr/bin/python3

import pymysql

# 打开数据库连接
db = pymysql.connect("localhost","root","123456","STUDYDB" )

# 使用 cursor() 方法创建一个游标对象 cursor
cursor = db.cursor()

# 使用 execute() 方法执行 SQL，如果表存在则删除
cursor.execute("DROP TABLE IF EXISTS MYEMPLOYEE")

# 使用预处理语句创建表
sql = """CREATE TABLE MYEMPLOYEE (
         ID    CHAR(20) NOT NULL,
```

```
              NAME   CHAR(20) NOT NULL,
              AGE    CHAR(20),
              SEX    CHAR(1),
              INTIME   FLOAT )"""

cursor.execute(sql)

# 关闭数据库连接
db.close()
```

9.3.6 插入数据

可以使用 INSERT 语句向表中插入数据。

【例 9-11】向数据库表 MYEMPLOYEE 中插入数据。实例代码如下：

```
#!/usr/bin/python3

import pymysql

# 打开数据库连接
db = pymysql.connect("localhost","root","123456","STUDYDB" )

# 使用 cursor()方法获取操作游标
cursor = db.cursor()

# SQL 插入语句
sql = """INSERT INTO MYEMPLOYEE(ID,NAME, AGE, SEX, INTIME)
         VALUES ('20180034', 'Mike', 20, 'M', '2018')"""
try:
    # 执行 sql 语句
    cursor.execute(sql)
    # 提交到数据库执行
    db.commit()
except:
    # 如果发生错误则回滚
    db.rollback()

# 再插入一条数据
sql = """INSERT INTO MYEMPLOYEE(ID,NAME, AGE, SEX, INTIME)
         VALUES ('20180050', 'Lily', 22, 'W', '2018')"""
try:
    # 执行 sql 语句
    cursor.execute(sql)
    # 提交到数据库执行
    db.commit()
except:
    # 如果发生错误则回滚
    db.rollback()
```

```
# 关闭数据库连接
db.close()
```

插入数据后，MYEMPLOYEE 表中内容见表 9-5。

表 9-5　MYEMPLOYEE 表数据内容

ID （员工号，主键）	NAME （姓名）	AGE （年龄）	SEX （性别）	INTIME （入职时间）
20180034	Mike	20	M	2018
20180050	Lily	22	W	2018

9.3.7　查询数据

可以使用 fetchone()语句获取单条数据，使用 fetchall()语句获取多条数据。

【例 9-12】 从数据库表 MYEMPLOYEE 表中获取所有数据。实例代码如下：

```
#!/usr/bin/python3

import pymysql

# 打开数据库连接
db = pymysql.connect("localhost","root","123456","STUDYDB" )

# 使用 cursor()方法获取操作游标
cursor = db.cursor()

# SQL 查询语句
sql = "SELECT * FROM MYEMPLOYEE \
       WHERE AGE> '%d'" % (18)
try:
    # 执行 SQL 语句
    cursor.execute(sql)
    # 获取所有记录列表
    results = cursor.fetchall()
    for row in results:
        name = row[1]
        age = row[2]
        sex = row[3]
        intime = row[4]
        # 打印结果
        print ("name=%s，age=%d，sex=%s，intime=%s" % (name, age, sex, intime ))
except:
    print ("Error: unable to fetch data")

# 关闭数据库连接
db.close()
```

以上程序运行结果为：
 name=Mike，age=20，sex=M，intime=2018
 name=Lily，age=22，sex=W，intime=2018

9.3.8 更新数据

可以使用 UPDATE 语句更新表中的数据。

【例 9-13】将 MYEMPLOYEE 表中的 AGE 字段递增 1。实例代码如下：

```python
#!/usr/bin/python3

import pymysql
# 打开数据库连接
db = pymysql.connect("localhost","root","123456","STUDYDB" )

# 使用 cursor()方法获取操作游标
cursor = db.cursor()

# SQL 更新语句
sql = "UPDATE MYEMPLOYEE SET AGE = AGE + 1 "
try:
    # 执行 SQL 语句
    cursor.execute(sql)
    # 提交到数据库执行
    db.commit()
except:
    # 发生错误时回滚
    db.rollback()
sql = "SELECT * FROM MYEMPLOYEE "
try:
    # 执行 SQL 语句
    cursor.execute(sql)
    # 获取所有记录列表
    results = cursor.fetchall()
    for row in results:
        name = row[1]
        age = row[2]
        sex = row[3]
        intime = row[4]
         # 打印结果
        print ("name=%s，age=%d，sex=%s，intime=%s" % (name, age, sex, intime ))
except:
    print ("Error: unable to fetch data")

# 关闭数据库连接
db.close()
```

以上程序运行结果为：
name=Mike，age=21，sex=M，intime=2018
name=Lily，age=23，sex=W，intime=2018

9.3.9 删除数据

可以使用 DELETE 语句删除表中的数据。

【例 9-14】删除数据表 EMPLOYEE 中 SEX 等于 M 的所有数据。实例代码如下：

```
#!/usr/bin/python3

import pymysql

# 打开数据库连接
db = pymysql.connect("localhost","root","123456","STUDYDB" )

# 使用 cursor()方法获取操作游标
cursor = db.cursor()

# SQL 删除语句
sql = "DELETE FROM MYEMPLOYEE WHERE SEX = '%s'" % ('M')
try:
    # 执行 SQL 语句
    cursor.execute(sql)
    # 提交修改
    db.commit()
except:
    # 发生错误时回滚
    db.rollback()

# 关闭连接
db.close()
```

习　题

一、填空题

1．在 SQLite 中使用_____语句来查询并修改表中已有的数据。
2．_____是在 Python 3.x 版本中用于连接 MySQL 服务器的一个库。
3．数据库通常分为_____数据库、_____数据库和_____数据库三种。
4．SQLite 是内嵌在 Python 中的轻量级、基于磁盘文件的数据库管理系统，不需要服务器进程，支持使用语句来访问数据库。
5．_____是在 Python 3.x 版本中用于连接 MySQL 服务器的一个库。

二、选择题

1. SQLite 是嵌入式关系数据库管理系统。它的数据库就是一个（　　）。
   A．集合　　　　　B．文件　　　　　C．系统　　　　　D．磁盘
2. 创建好数据库之后，可以使用（　　）语句来为数据库创建表。
   A．create　　　　B．execute　　　　C．do　　　　　　D．selecte
3. 关系型数据库模型是把复杂的数据结构归结为简单的（　　）。
   A．二元关系　　　B．线性关系　　　C．树型结构　　　D．网状关系

三、简答题

1. SQLite 数据库的特点有哪些？
2. 简述安装 PyMySQL 模块的步骤。

第 10 章 网络编程应用

Python 提供了两个级别访问的网络服务:

低级别的网络服务支持基本的 Socket, 它提供了标准的 BSD Sockets API, 可以访问底层操作系统 Socket 接口的全部方法。

高级别的网络服务模块 SocketServer, 它提供了服务器中心类, 可以简化网络服务器的开发。

本章学习重点:

- 网络中最常用的套接字
- 服务和客户端程序编写
- 邮件服务程序编写

10.1 Socket 编程

Socket 是进程通信的一种方式, 即调用这个网络库的一些 API 函数来实现分布在不同主机的相关进程之间的数据交换。在 TCP/IP 网络应用中, 通信的两个进程间相互作用的主要模式是客户端/服务器 (C/S) 模式, 即客户向服务器发出服务请求, 服务器接收到请求后, 提供相应的服务。

10.1.1 套接字模块

套接字 (Socket) 是双向通信信道的端点。套接字可以在一个进程内、在同一机器上的进程之间, 或者在不同主机的进程之间进行通信, 主机可以是任何一台与互联网连接的机器。套接字可以通过多种不同的通道类型实现, 常见的有 TCP、UDP 等。套接字库提供了处理公共传输的特定类, 以及一个用于处理其余部分的通用接口。

Socket 的英文原义是 "孔" 或 "插座", 作为 BSD UNIX 的进程通信机制, 取后一种意思。通常也称作 "套接字", 用于描述 IP 地址和端口, 是一个通信链的句柄, 可以用来实现不同虚拟机或不同计算机之间的通信。在 Internet 上的主机一般运行了多个服务软件, 同时提供几种服务。每种服务都打开一个 Socket 并绑定到一个端口上, 不同的端口对应于不同的服务。Socket 正如其英文原意那样, 像一个多孔插座。一台主机犹如布满各种插座的房间, 每个插座有一个编号, 有的插座提供 220 伏交流电, 有的提供 110 伏交流电, 有的则提供有线电视节目。客户软件将插头插到不同编号的插座就可以得到不同的服务。

在 Python 中, 必须使用 Socket 模块中的 socket.socket()函数创建套接字, 该函数语法格式如下:

```
socket.socket([family[,type[,protocol]]])
```

参数说明：
- family：套接字家族，可以是 AF_UNIX 或者 AF_INET。
- type：套接字类型，根据是面向连接的还是非连接的，分为 SOCK_STREAM 或 SOCK_DGRAM。
- protocol：协议，一般不填，默认为 0。

当创建了套接字对象之后，就可以使用所需的函数来创建客户端或服务器程序。Socket 对象方法中服务器套接字方法的描述见表 10-1。

表 10-1 服务器套接字方法

方法	描述
s.bind()	绑定地址(host,port)到套接字，在 AF_INET 下，以元组(host,port)的形式表示地址
s.listen()	开始 TCP 监听。backlog 指定在拒绝连接之前，操作系统可以挂起的最大连接数量。该值至少为 1，大部分应用程序设为 5 就可以了
s.accept()	被动接受 TCP 客户端连接，（阻塞式）等待连接的到达

Socket 对象方法中客户端套接字方法的描述见表 10-2。

表 10-2 客户端套接字方法

方法	描述
s.connect()	主动初始化 TCP 服务器连接。一般 address 的格式为元组（hostname,port），如果连接出错，返回 socket.error 错误
s.connect_ex()	connect()函数的扩展版本，出错时返回出错码，而不是抛出异常

Socket 对象方法中通用套接字方法的描述见表 10-3。

表 10-3 通用套接字方法

方法	描述
s.recv()	接收 TCP 数据。数据以字符串形式返回，bufsize 指定要接收的最大数据量，flag 提供有关消息的其他信息，通常可以忽略
s.send()	发送 TCP 数据。将 string 中的数据发送到连接的套接字，返回值是要发送的字节数量，该数量可能小于 string 的字节数量大小
s.sendall()	完整发送 TCP 数据。将 string 中的数据发送到连接的套接字，但在返回之前会尝试发送所有数据。成功返回 None，失败则抛出异常
s.recvfrom()	接收 UDP 数据。与 recv()类似，但返回值是(data,address)，其中 data 包含接收数据的字符串，address 是发送数据的套接字地址
s.sendto()	发送 UDP 数据。将数据发送到套接字，address 是形式为(ipaddr,port)的元组，指定远程地址，返回值是发送的字节数
s.close()	关闭套接字
s.getpeername()	返回连接套接字的远程地址。返回值通常是元组(ipaddr,port)
s.getsockname()	返回套接字自己的地址。通常是一个元组(ipaddr,port)

续表

方法	描述
s.setsockopt(level,optname,value)	设置给定套接字选项的值
s.getsockopt(level,optname[.buflen])	返回套接字选项的值
s.settimeout(timeout)	设置套接字操作的超时期。timeout 是一个浮点数，单位是秒。值为 None 表示没有超时期。超时期一般应该在刚创建套接字时设置，因为它们可能用于连接的操作（如 connect()）
s.gettimeout()	返回当前超时期的值，单位是秒，如果没有设置超时期，则返回 None
s.fileno()	返回套接字的文件描述符
s.setblocking(flag)	如果 flag 为 0，则将套接字设为非阻塞模式，否则将套接字设为阻塞模式（默认值）。非阻塞模式下，如果调用 recv()没有发现任何数据，或 send()调用无法立即发送数据，那么将引起 socket.error 异常
s.makefile()	创建一个与该套接字相关连的文件

10.1.2 编写一个简单的服务器

使用 Socket 模块的 socket()函数来创建一个 Socket 对象。Socket 对象可以通过调用其他函数来设置一个 Socket 服务，基本步骤如下：

（1）通过调用 bind(hostname, port)函数来指定服务的 port（端口）。
（2）调用 Socket 对象的 accept 方法。
（3）等待客户端的连接并返回 connection 对象，表示已连接到客户端。

【例 10-1】创建一个服务器端。实例代码如下：

```
#!/usr/bin/python3
# 文件名：server.py

# 导入 Socket、sys 模块
import socket
import sys

# 创建 Socket 对象
serversocket = socket.socket(
    socket.AF_INET, socket.SOCK_STREAM)

# 获取本地主机名
host = socket.gethostname()
port = 9999

# 绑定端口号
serversocket.bind((host, port))

# 设置最大连接数，超过后排队
serversocket.listen(5)
```

```
    while True:
        # 建立客户端连接
    clientsocket,addr = serversocket.accept()
        print("连接地址：%s" % str(addr))
    msg='欢迎访问 Python 教程！'+ "\r\n"
    clientsocket.send(msg.encode('utf-8'))
    clientsocket.close()
```

【例 10-2】创建一个客户端。实例代码如下：

```
#!/usr/bin/python3

# 导入 Socket、sys 模块
import socket
import sys

# 创建 Socket 对象
s = socket.socket(socket.AF_INET, socket.SOCK_STREAM)

# 获取本地主机名
host = socket.gethostname()

# 设置端口好
port = 9999

# 连接服务，指定主机和端口
s.connect((host, port))

# 接收小于 1024 字节的数据
msg = s.recv(1024)
s.close()
print (msg.decode('utf-8'))
```

首先运行例 10-1 中服务器端代码，再打开一个终端同时运行例 10-2 中客户端代码。在客户端运行结果中会显示"欢迎访问 Python 教程！"，在服务器端运行结果中会显示"连接地址：('192.168.171.1', 55689)"。

10.2 邮件服务程序

SMTP（Simple Mail Transfer Protocol）即简单邮件传输协议，它是一组用于由源地址到目的地址传送邮件的规则，由它来控制信件的中转方式。Python 的 smtplib 模块提供了一种很方便的途径发送电子邮件，它对 SMTP 协议进行了简单的封装。Python 创建 SMTP 对象语法如下：

```
import smtplib
smtpObj = smtplib.SMTP([host[,port[,local_hostname]]] )
```
参数说明：
- host：运行 SMTP 服务器的主机。可以指定主机的 IP 地址或类似 yiibai.com 的域名，这是一个可选参数。
- port：如果提供主机参数，则需要指定 SMTP 服务器正在侦听的端口。通常这个端口默认值是 25。
- local_hostname：如果 SMTP 服务器在本地计算机上运行，那么可以只指定 localhost 选项。

Python SMTP 对象使用 sendmail 方法发送邮件，语法如下：

SMTP.sendmail(from_addr,to_addrs,msg[,mail_options,rcpt_options])

参数说明：
- from_addr：邮件发送者地址。
- to_addrs：字符串列表，邮件接收地址。
- msg：发送消息。

这里要注意一下第三个参数，msg 是字符串，表示邮件。我们知道邮件一般由标题、发信人、收件人、邮件内容、附件等构成，发送邮件的时候要注意 msg 的格式。这个格式就是 SMTP 协议中定义的格式。

10.2.1 发送普通电子邮件

发送了一封基本的电子邮件，使用三重引号，请注意正确格式化标题。一封电子邮件需要一个 From、To 和一个 Subject 标题，与电子邮件的正文用空白行分开。

要发送邮件，使用 smtpObj 连接到本地机器上的 SMTP 服务器。然后使用 sendmail 方法发送消息，将源地址和目标地址作为参数。

如果没有在本地计算机上运行 SMTP 服务器，可以使用 smtplib 客户端与远程 SMTP 服务器进行通信。除非您使用网络邮件服务（如 gmail 或 Yahoo Mail），否则您的电子邮件服务提供商必须提供邮件服务器详细信息。以腾讯 QQ 邮箱为例，具体如下：

mail = smtplib.SMTP('smtp.qq.com', 587) # 端口 465 或 587

【例 10-3】一个简单的 Python 发送邮件程序，需要在本机上安装 sendmail。实例代码如下：

```
#!/usr/bin/python3

import smtplib
from email.mime.text import MIMEText
from email.header import Header

sender = 'from@qq.com'

# 接收邮件，可设置为你的 QQ 邮箱或者其他邮箱
# 三个参数：第一个为文本内容，第二个 plain 设置文本格式，第三个 utf-8 设置编码
receivers = ['578774623@qq.com']
message = MIMEText('Python 邮件发送测试...', 'plain', 'utf-8')
message['From'] = Header("Python 教程", 'utf-8')
message['To'] =   Header("测试", 'utf-8')
subject = 'Python SMTP 邮件测试'
message['Subject'] = Header(subject, 'utf-8')
```

```
try:
    smtpObj = smtplib.SMTP('localhost')
    smtpObj.sendmail(sender, receivers, message.as_string())
        print ("邮件发送成功")
except smtplib.SMTPException:
    print ("Error: 无法发送邮件")
```

以上程序运行结果为：

```
$ python3 test.py
邮件发送成功
```

【例 10-4】如果本机没有 sendmail 访问，可以使用其他服务商的 SMTP 访问（QQ、网易、Google 等）。实例代码如下：

```
#!/usr/bin/python3

import smtplib
from email.mime.text import MIMEText
from email.header import Header

# 第三方 SMTP 服务
#设置服务器
mail_host="smtp.XXX.com"

#设置用户名
mail_user="XXXX"

#设置口令。
mail_pass="XXXXXX"
sender = 'from@runoob.com'

# 接收邮件，可设置为 QQ 邮箱或者其他邮箱
receivers = ['429240967@qq.com']
message = MIMEText('Python 邮件发送测试...', 'plain', 'utf-8')
message['From'] = Header("Python 教程", 'utf-8')
message['To'] = Header("测试", 'utf-8')
subject = 'Python SMTP 邮件测试'
message['Subject'] = Header(subject, 'utf-8')
try:
    smtpObj = smtplib.SMTP()
    smtpObj.connect(mail_host, 25)    # 25 为 SMTP 端口号
    smtpObj.login(mail_user,mail_pass)
    smtpObj.sendmail(sender, receivers, message.as_string())
        print ("邮件发送成功")
except smtplib.SMTPException:
print ("Error: 无法发送邮件")
```

10.2.2 发送 HTML 电子邮件

当使用 Python 发送邮件信息时，所有内容都被视为简单文本。内容中所包含的 HTML 标

签也将被显示为简单的文本，HTML 标签将不会根据 HTML 语法进行格式化。但是 Python 提供了将 HTML 消息作为发送的选项之一。

发送电子邮件时，可以指定一个 Mime 版本，内容类型和发送 HTML 电子邮件一致。

【例 10-5】发送 HTML 内容的电子邮件。实例代码如下：

```
#!/usr/bin/python3

import smtplib
from email.mime.text import MIMEText
from email.header import Header

sender = 'from@runoob.com'

# 接收邮件，可设置为 QQ 邮箱或者其他邮箱
receivers = ['429240967@qq.com']
mail_msg = """
<p>Python 邮件发送测试...</p>
<p><a href="http://www.runoob.com">这是一个链接</a></p>
"""
message = MIMEText(mail_msg, 'html', 'utf-8')
message['From'] = Header("Python 教程", 'utf-8')
message['To'] =   Header("测试", 'utf-8')
subject = 'Python SMTP 邮件测试'
message['Subject'] = Header(subject, 'utf-8')
try:
smtpObj = smtplib.SMTP('localhost')
smtpObj.sendmail(sender, receivers, message.as_string())
    print ("邮件发送成功")
except smtplib.SMTPException:
    print ("Error: 无法发送邮件")
```

10.2.3 发送带附件的电子邮件

要发送具有混合内容的电子邮件，需要将 Content-type 标题设置为 multipart / mixed。然后，可以在边界内指定文本和附件部分。一个边界以两个连字符开始，后跟一个唯一的编号，不能出现在电子邮件的消息部分。表示电子邮件最终部分的最后一个边界也必须以两个连字符结尾。

【例 10-6】发送带附件的电子邮件。实例代码如下：

```
#!/usr/bin/python3

import smtplib
from email.mime.text import MIMEText
from email.mime.multipart import MIMEMultipart
from email.header import Header

sender = 'from@runoob.com'
```

```python
# 接收邮件，可设置为 QQ 邮箱或者其他邮箱
receivers = ['429240967@qq.com']

#创建一个带附件的实例
message = MIMEMultipart()
message['From'] = Header("Python 教程", 'utf-8')
message['To'] =   Header("测试", 'utf-8')
subject = 'Python SMTP 邮件测试'
message['Subject'] = Header(subject, 'utf-8')

#邮件正文内容
message.attach(MIMEText('这是 Python 教程邮件发送测试……', 'plain', 'utf-8'))

# 构造附件 1，传送当前目录下的 test.txt 文件
att1 = MIMEText(open('test.txt', 'rb').read(), 'base64', 'utf-8')
att1["Content-Type"] = 'application/octet-stream'

# 这里的 filename 可以任意写，写什么名字邮件中就显示什么名字
att1["Content-Disposition"] = 'attachment; filename="test.txt"'
message.attach(att1)

# 构造附件 2，传送当前目录下的 runoob.txt 文件
att2 = MIMEText(open('runoob.txt', 'rb').read(), 'base64', 'utf-8')
att2["Content-Type"] = 'application/octet-stream'
att2["Content-Disposition"] = 'attachment; filename="runoob.txt"'
message.attach(att2)
try:
    smtpObj = smtplib.SMTP('localhost')
    smtpObj.sendmail(sender, receivers, message.as_string())
    print ("邮件发送成功")
except smtplib.SMTPException:
    print ("Error: 无法发送邮件")
```

10.2.4 在 HTML 文本中添加图片

邮件的 HTML 文本中邮件服务添加外链是无效的，要发送带图片的邮件内容可以参考以下代码。

【例 10-7】在 HTML 文本中添加图片的电子邮件。实例代码如下：

```python
#!/usr/bin/python3

import smtplib

from email.mime.image import MIMEImage
from email.mime.multipart import MIMEMultipart
from email.mime.text import MIMEText
```

from email.header import Header

sender = 'from@runoob.com'

# 接收邮件，可设置为你的 QQ 邮箱或者其他邮箱
receivers = ['429240967@qq.com']
msgRoot = MIMEMultipart('related')
msgRoot['From'] = Header("Python 教程", 'utf-8')
msgRoot['To'] =　 Header("测试", 'utf-8')
subject = 'Python SMTP 邮件测试'
msgRoot['Subject'] = Header(subject, 'utf-8')
msgAlternative = MIMEMultipart('alternative')
msgRoot.attach(msgAlternative)
mail_msg = """
<p>Python 邮件发送测试...</p>
<p><a href="http://www.python.com">Python 教程链接</a></p>
<p>图片演示：</p>
<p><imgsrc="cid:image1"></p>
"""
msgAlternative.attach(MIMEText(mail_msg, 'html', 'utf-8'))

# 指定图片为当前目录
fp = open('test.png', 'rb')
msgImage = MIMEImage(fp.read())
fp.close()

# 定义图片 ID，在 HTML 文本中引用
msgImage.add_header('Content-ID', '<image1>')
msgRoot.attach(msgImage)
try:
smtpObj = smtplib.SMTP('localhost')
smtpObj.sendmail(sender, receivers, msgRoot.as_string())
　　 print ("邮件发送成功")
except smtplib.SMTPException:
print ("Error: 无法发送邮件")

习　　题

一、填空题

1．在 TCP/IP 网络应用中，通信的两个进程间相互作用的主要模式是_____模式。
2．_____是双向通信信道的端点。
3．通过调用_____函数来指定服务的 port（端口）。
4．SMTP（Simple Mail Transfer Protocol）是_____协议。

5．Python 的_____模块提供了一种方便的发送电子邮件的途径。

二、选择题

1．可以使用 socket 模块的（　　）函数来创建一个 Socket 对象。
　　A．socket()　　　　B．port()　　　　C．bind()　　　　D．telnet()
2．如果提供主机参数，则需要指定 SMTP 服务器正在侦听的端口。通常这个端口默认值是（　　）。
　　A．1080　　　　　B．8080　　　　　C．75　　　　　　D．25
3．当使用 Python 发送邮件信息时，所有内容都被视为（　　）。
　　A．图片　　　　　B．超链接　　　　C．简单文本　　　D．文件

三、简答题

1．简单介绍 Socket 模块中用于 TCP 编程的常用方法。
2．简单解释 TCP 和 UDP 协议的区别。

第 11 章　Web 开发

随着互联网的兴起，人们发现，CS 架构不适合 Web 应用，主要的原因是 Web 应用程序的修改和升级非常频繁，而 CS 架构在更新 Web 应用程序时需要每个客户端升级桌面 App，因此，Browser/Server 模式（简称 BS 架构）开始流行。在 BS 架构下，客户端只需要浏览器，应用程序的逻辑和数据都存储在服务器端。浏览器只需要请求服务器获取 Web 页面，并把 Web 页面展示给用户即可。

Web 页面是用 HTML 编写的，HTML 具备超强的表现力，并且服务器端升级后，客户端无需任何部署就可以使用到新的版本，因此 BS 架构迅速流行起来。比如，目前的新闻、博客、微博等服务均是 Web 应用。

本章学习重点：

- 构建 Python Web 框架
- WSGI 构架的应用
- Flask 框架
- 模板的应用

11.1　Web 服务简介

Web 应用开发可以说是目前软件开发中的重要部分。Web 开发经历了几个阶段：
- 静态 Web 页面：由文本编辑器直接编辑并生成静态的 HTML 页面，如果要修改 Web 页面的内容，就需要再次编辑 HTML 源文件，早期的互联网 Web 页面就是静态的。
- CGI：由于静态 Web 页面无法与用户交互，比如用户填写了一个注册表单，静态 Web 页面就无法处理。为处理用户发送的动态数据，出现了 Common Gateway Interface，简称 CGI，用 C/C++编写。
- ASP/JSP/PHP：由于 Web 应用特点是修改频繁，用 C/C++这样的低级语言非常不适合 Web 开发，而脚本语言由于开发效率高，与 HTML 结合紧密，因此迅速取代了 CGI 模式。ASP 是微软推出的用 VBScript 脚本编程的 Web 开发技术，JSP 是用 Java 来编写脚本，PHP 本身则是开源的脚本语言。
- MVC：为了解决直接用脚本语言嵌入 HTML 导致的可维护性差的问题，Web 应用也引入了 MVC（Model-View-Controller）的模式来简化 Web 开发。ASP 发展为 ASP.Net，JSP 和 PHP 也有一大堆 MVC 框架。
- 目前，Web 开发技术仍在快速发展中，异步开发、新的 MVVM 前端技术层出不穷。

Python 比 Web 诞生得还要早，由于 Python 是一种解释型的脚本语言，开发效率高，所以非常适合用来做 Web 开发。Python 有上百种 Web 开发框架，有很多成熟的模板技术，选择 Python 开发 Web 应用，不但开发效率高，而且开发的应用程序运行速度快。

11.1.1 HTTP 协议

在 Web 应用中，服务器把网页传给浏览器，实际上就是把网页的 HTML 代码发送给浏览器，让浏览器显示出来。而浏览器和服务器之间的传输协议是 HTTP，它具有以下特点：
- HTML 是一种用来定义网页的文本，会 HTML 就可以编写网页。
- HTTP 是在网络上传输 HTML 的协议，用于浏览器和服务器的通信。

接下的案例需要安装 Google 的 Chrome。Chrome 浏览器提供了一套完整地调试工具，非常适合 Web 开发。

安装好 Chrome 浏览器后打开它，在菜单中选择"视图"→"开发者"→"开发者工具"，就可以显示如图 11-1 所示的 Chrome 浏览器开发者工具界面。其中，Elements 选项界面显示网页的结构，Network 选项界面显示浏览器和服务器的通信。

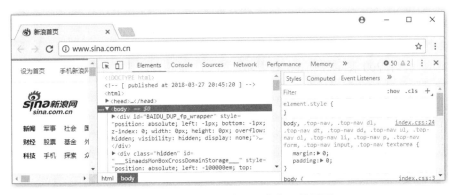

图 11.1　Chrome 浏览器开发者工具界面

在地址栏输入 www.sina.com.cn 时，浏览器将显示新浪的首页。通过 Network 的记录可以定位到第一条记录，单击屏幕右侧将显示 Response Headers，单击其右侧的 view source，就可以看到浏览器发给新浪服务器的请求，如图 11-2 所示。

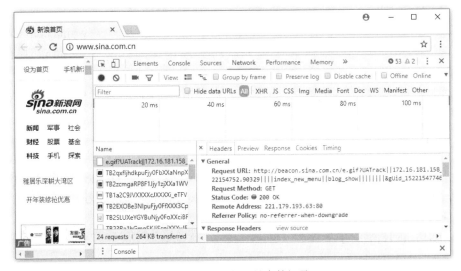

图 11-2　开发者工具中的记录

当浏览器读取到新浪首页的 HTML 源码后，它会解析 HTML 显示页面，然后根据 HTML 里面的各种链接，再发送 HTTP 请求给新浪服务器，拿到相应的图片、视频、Flash、JavaScript 脚本、CSS 等各种资源，最终显示出一个完整的页面。在 Network 下面能看到很多额外的 HTTP 请求。

11.1.2 HTTP 跟踪

下面以跟踪新浪主页为列来总结 HTTP 请求的流程：
步骤 1，浏览器首先向服务器发送 HTTP 请求，请求包括：
- 方法：GET 还是 POST，GET 仅请求资源，POST 会附带用户数据。
- 路径：/full/url/path。
- 域名：由 Host 头指定，Host: www.sina.com.cn。
- 其他相关的 Header。

如果是 POST，那么请求还包括一个 Body，包含用户数据。
步骤 2，服务器向浏览器返回 HTTP 响应，响应包括：
- 响应代码：200 表示成功，300 表示重定向，400 表示客户端发送的请求有错误，500 表示服务器端处理时发生了错误。
- 响应类型：由 Content-Type 头指定。
- 其他相关的 Header。

通常服务器的 HTTP 响应会携带内容，也就是有一个 Body 包含响应的内容,网页的 HTML 源码就在 Body 中。

步骤 3，如果浏览器还需要继续向服务器请求其他资源，比如图片，就再次发出 HTTP 请求，重复步骤 1 和步骤 2。

Web 采用的 HTTP 协议采用了非常简单的请求－响应模式，从而大大简化了开发。当编写一个页面时，只需要在 HTTP 请求中把 HTML 发送出去，不需要考虑如何附带图片、视频等，浏览器如果需要请求图片和视频，它会发送另一个 HTTP 请求。因此，一个 HTTP 请求只处理一个资源。

HTTP 协议同时具备极强的扩展性，虽然浏览器请求的是 http://www.sina.com.cn/的首页，但是新浪在 HTML 中可以链入其他服务器的资源，比如<img src="http://i1.sinaimg.cn/home/2013/1008/U8455P30DT201310081354420.png">，从而将请求压力分散到各个服务器上，并且，一个站点可以链接到其他站点，无数个站点互相链接起来，就形成了 World Wide Web，简称 WWW。

11.1.3 HTTP 格式

每个 HTTP 请求和响应都遵循相同的格式，一个 HTTP 包含 Header 和 Body 两部分，其中 Body 是可选的。HTTP 协议是一种文本协议，所以它的格式也非常简单。

1. HTTP GET 请求的格式如下：

    GET /path HTTP/1.1
    Header1: Value1
    Header2: Value2

Header3: Value3

每个 Header 一行一个，换行符是\r\n。

2．HTTP POST 请求的格式如下：

POST /path HTTP/1.1

Header1: Value1

Header2: Value2

Header3: Value3

body data goes here...（这部分为数据内容）

当遇到连续两个\r\n 时，Header 部分结束，后面的数据全部是 Body。通常服务器的 HTTP 响应会携带内容，也就是包含一个 Body，包含响应的具体内容，HTML 源码就在 Body 中。

3．HTTP 响应的格式：

200 OK

Header1: Value1

Header2: Value2

Header3: Value3

body data goes here...（这部分为数据内容）

HTTP 响应如果包含 body，也是通过\r\n\r\n 来分隔的。请注意，Body 的数据类型由 Content-Type 头来确定。如果是网页，Body 就是文本；如果是图片，Body 就是图片的二进制数据。

当存在 Content-Encoding 时，Body 数据是被压缩的，最常见的压缩方式是 gzip，所以看到 Content-Encoding: gzip 时，需要将 Body 数据先解压缩，才能得到真正的数据。压缩的目的在于减少 Body 的大小，加快网络传输。

11.2 超文本

超文本标记语言是标准通用标记语言下的一个应用，也是一种规范、一种标准，它通过标记符号来标记要显示的网页中的各个部分。网页文件本身是一种文本文件，通过在文本文件中添加标记符，可以告诉浏览器如何显示其中的内容（如：文字如何处理、画面如何安排、图片如何显示等）。浏览器按顺序阅读网页文件，然后根据标记符解释和显示其标记的内容，对书写出错的标记将不指出其错误，且不停止其解释执行过程，编制者只能通过显示效果来分析出错原因和出错部位。需要注意的是，对于不同的浏览器，对同一标记符可能会有不完全相同的解释，因而可能会有不同的显示效果。

11.2.1　HTML

超级文本标记语言文档制作不是很复杂，但功能强大，支持不同数据格式的文件镶入，这也是万维网（WWW）盛行的原因之一，其主要特点如下：

- 简易性：超级文本标记语言版本升级采用超集方式，从而更加灵活方便。

- 可扩展性：超级文本标记语言的广泛应用带来了加强功能、增加标识符等要求，超级文本标记语言采取子类元素的方式，为系统扩展带来保证。
- 平台无关性：虽然个人计算机大行其道，但使用 Mac 等其他机器的大有人在，超级文本标记语言可以被使用在广泛的平台上，这也是万维网（WWW）盛行的另一个原因。
- 通用性：HTML 是网络的通用语言，是一种简单、通用的全置标记语言。它允许网页制作人建立文本与图片相结合的复杂页面，这些页面可以被网上任何人浏览，无论使用的是什么类型的计算机和浏览器。

【例 11-1】创建一个最简单的 HTML 文档，实例代码如下：

```
<html>
<head>
<title>Hello</title>
</head>
<body>
<h1>Hello, world!</h1>
</body>
</html>
```

将以上代码写到文本编辑器中，然后保存为 hello.html，再把文件拖到浏览器中，就可以看到一个简单的 HTML 网页，如图 11-3 所示。

图 11-3　一个简单的 HTML 网页

HTML 文档由一系列的 Tag 组成，最外层的 Tag 是<html>。规范的 HTML 包含<head>...</head>和<body>...</body>（注意不要和 HTTP 的 Header、Body 搞混了），由于 HTML 是多文档模型，所以还有一系列的 Tag 用来表示链接、图片、表格、表单等。

11.2.2　CSS

CSS（Cascading Style Sheets）（层叠样式表）是一种用来表现 HTML 或 XML（标准通用标记语言的一个子集）等文件样式的计算机语言。CSS 不仅可以静态地修饰网页，还可以配合各种脚本语言动态地对网页各元素进行格式化。CSS 能够对网页中元素位置的排版进行像素级精确控制，支持几乎所有的字体字号样式，拥有对网页对象和模型样式编辑的能力。

CSS 为 HTML 提供了一种样式描述，定义了其中元素的显示方式。CSS 在 Web 设计领域是一个突破。利用它可以实现修改一个小的样式并且更新与之相关的所有页面元素。

总体来说，CSS 具有以下特点：

- 丰富的样式定义。CSS 提供了丰富的文档样式外观，以及设置文本和背景属性的能力；允许为任何元素创建边框，设置元素边框与其他元素间的距离、元素边框与元素内容间的距离；允许随意改变文本的大小写方式、修饰方式以及其他页面效果。
- 易于使用和修改。CSS 可以将样式定义在 HTML 元素的 style 属性中，也可以将其定义在 HTML 文档的 header 部分，还可以将样式声明在一个专门的 CSS 文件中，以供 HTML 页面引用。总之，CSS 样式表可以将所有的样式声明统一存放，进行统一管理。另外，可以将相同样式的元素进行归类，使用同一个样式进行定义，也可以将某个样式应用到所有同名的 HTML 标签中，还可以将一个 CSS 样式指定到某个页面元素中。如果要修改样式，我们只需要在样式列表中找到相应的样式声明进行修改。
- 多页面应用。CSS 样式表可以单独存放在一个 CSS 文件中，这样我们就可以在多个页面中使用同一个 CSS 样式表。CSS 样式表理论上不属于任何页面文件，在任何页面文件中都可以引用它，这样就可以实现多个页面风格的统一。
- 层叠。简单地说，层叠就是对一个元素多次设置同一个样式，但将使用最后一次设置的属性值。例如对一个站点中的多个页面使用了同一套 CSS 样式表，而某些页面中的某些元素想使用其他样式，就可以针对这些样式单独定义一个样式表应用到页面中。这些后来定义的样式将对前面的样式设置进行重写，在浏览器中看到的将是最后设置的样式效果。
- 页面压缩。在使用 HTML 定义页面效果的网站中，往往需要大量或重复的表格和 font 元素形成各种规格的文字样式，这样做的后果就是会产生大量的 HTML 标签，从而增加页面文件的大小。而将样式的声明单独放到 CSS 样式表中，可以大大地减小页面的"体积"，这样在加载页面时使用的时间也会大大的减少。另外，CSS 样式表的复用更大程度地缩减了页面的"体积"，减少了网页下载的时间。

【例 11-2】用 CSS 将字体元素加一个样式。实例代码如下：

```html
<html>
<head>
<title>Hello</title>
<style>
    h1 {
       color: #333333;
       font-size: 48px;
       text-shadow: 3px 3px3px #666666;
    }
</style>
</head>
<body>
<h1>Hello, world!</h1>
</body>
</html>
```

将以上代码写到文本编辑器中，然后保存为 hello.html，再把文件拖到浏览器中，就可以看到图 11-4 所示的结果。

图 11-4　更改字体样式

11.2.3　JavaScript

JavaScript 是一种直译式脚本语言，是一种动态类型、弱类型、基于原型的语言，内置支持类型。它的解释器被称为 JavaScript 引擎，为浏览器的一部分，它是被广泛用于客户端的脚本语言，最早是在HTML网页上使用，用来给 HTML 网页增加动态功能。

JavaScript 已经被广泛用于 Web 应用开发，常用来为网页添加各式各样的动态功能，为用户提供更流畅美观的浏览效果。通常 JavaScript 脚本是通过嵌入在 HTML 中来实现其自身功能的。JavaScript 具有以下特点：

- 是一种解释性脚本语言（代码不进行预编译）。
- 主要用来向HTML页面添加交互行为。
- 可以直接嵌入 HTML 页面，但写成单独的js文件有利于结构和行为的分离。
- 跨平台特性，在绝大多数浏览器的支持下，可以在多种平台（如Windows、Linux、Mac、Android、iOS 等）下运行。

Javascript 脚本语言同其他语言一样，有自身的基本数据类型、表达式和算术运算符及程序的基本程序框架。Javascript 提供了四种基本的数据类型和两种特殊数据类型用来处理数据和文字，Javascript 的变量提供存放信息的地方，表达式则可以完成较复杂的信息处理。

【例 11-3】用 JavaScript 将字体改为红色。实例代码如下：

```
<html>
<head>
<title>Hello</title>
<style>
    h1 {
        color: #333333;
        font-size: 48px;
        text-shadow: 3px 3px3px #666666;
    }
</style>
<script>
    function change() {
            document.getElementsByTagName('h1')[0].style.color = '#ff0000';
    }
```

```
</script>
</head>
<body>
<h1 onclick="change()">Hello, world!</h1>
</body>
</html>
```

理解了 HTTP 协议和 HTML 文档，便可明白一个 Web 应用的本质就是：

（1）浏览器发送一个 HTTP 请求。

（2）服务器收到请求后生成一个 HTML 文档。

（3）服务器把 HTML 文档作为 HTTP 响应的 Body 发送给浏览器。

（4）浏览器收到 HTTP 响应，从 HTTP Body 取出 HTML 文档并显示。

所以，最简单的 Web 应用就是先把 HTML 用文件保存好，用一个现成的 HTTP 服务器软件接收用户请求，从文件中读取 HTML 后返回。Apache、Nginx、Lighttpd 等这些常见的静态服务器就是实现这些功能的。

如果要动态生成 HTML，就需要自己来实现上述步骤。要实现接受 HTTP 请求、解析 HTTP 请求、发送 HTTP 响应等功能，就需要编写程序，而编写这些底层代码都很繁琐。正确的做法是底层代码由专门的服务器软件实现，Python 专注于生成 HTML 文档，而不用考虑 TCP 连接、HTTP 原始请求和响应格式。所以，为了专心用 Python 编写 Web 业务，就需要一个统一的接口，这个接口就是 WSGI（Web Server Gateway Interface）。

11.3 WSGI 接口

11.3.1 WSGI 接口介绍

从层的角度来看，WSGI 所在层的位置低于 CGI，位于 Web 应用程序与 Web 服务器之间。与 CGI 不同的是 WSGI 具有很强的伸缩性，且 WSGI 能运行于多线程或多进程的环境下，这是因为 WSGI 只是一份标准并没有定义如何去实现。WSGI 是作为一种低级别的接口，以提升可移植 Web 应用开发的灵活性。

Python WSGI 是 Python 应用程序或框架与 Web 服务器之间的一种接口，它已经被广泛接受，且已基本达到它的可移植性方面的目标。

WSGI 没有官方的实现，因为 WSGI 更像一个协议。只要遵照这些协议，WSGI 应用（Application）都可以在任何服务器（Server）上运行，反之亦然。

WSGI 接口定义非常简单，它只要求 Web 开发者实现一个函数就可以响应 HTTP 请求。一个最简单的 Web 版本的"Hello, Web!"如下所示：

```
def application(environ, start_response):
    start_response('200 OK', [('Content-Type', 'text/html')])
    return [b'<h1>Hello, Web!</h1>']
```

application()函数就是符合 WSGI 标准的一个 HTTP 处理函数。

参数说明：

- environ：包含所有 HTTP 请求信息的 dict 对象。

- start_response：发送 HTTP 响应的函数。

在 application()函数中，调用 start_response('200 OK', [('Content-Type', 'text/html')])函数就发送了 HTTP 响应的 Header。其中 Header 只能发送一次，也就是只能调用一次 start_response()函数。start_response()函数接收两个参数，一个是 HTTP 响应码，一个是一组 list 表示的 HTTP Header，每个 Header 用一个包含两个 str 的 tuple 表示。

通常情况下，都应该把 Content-Type 头发送给浏览器。其他很多常用的 HTTP Header 也应该发送。然后，函数的返回值 b'<h1>Hello, Web!</h1>'将作为 HTTP 响应的 Body 发送给浏览器。

有了 WSGI，就只需要考虑如何从 environ 这个 dict 对象拿到 HTTP 请求信息，然后构造 HTML，通过 start_response()发送 Header，最后返回 Body。整个 application()函数本身没有涉及到任何解析 HTTP 的部分。也就是说，底层代码不需要编写，只需要在更高层次上考虑如何响应请求就可以了。

11.3.2 运行 WSGI 服务

application()函数必须由 WSGI 服务器来调用。有很多符合 WSGI 规范的服务器，其中 Python 内置了一个 WSGI 服务器，这个模块叫 wsgiref，它是用纯 Python 编写的 WSGI 服务器的参考实现。

【例 11-4】编写 hello.py 文件，实现 Web 应用程序的 WSGI 处理函数。实例代码如下：

```
# hello.py

def application(environ, start_response):
    start_response('200 OK', [('Content-Type', 'text/html')])
    return [b'<h1>Hello, Web!</h1>']
```

【例 11-5】编写 server.py 文件，负责启动 WSGI 服务器。实例代码如下：

```
# server.py

# 从 wsgiref模块导入
from wsgiref.simple_server import make_server

# 导入我们自己编写的 application 函数
from hello import application

# 创建一个服务器，IP 地址为空，端口是 8000，处理函数是 application
httpd = make_server('', 8000, application)
print('Serving HTTP on port 8000...')

# 开始监听 HTTP 请求
httpd.serve_forever()
```

将以上两个文件保存在 Python 安装目录下，然后在命令行输入 python server.py 来启动 WSGI 服务器，如图 11-5 所示。

图 11-5　启动 WSGI 服务器

服务器启动之后，将开始监听 8000 端口，如图 11-6 所示。如果 8000 端口已经占用，请改用其他端口。

图 11-6　启动 WSGI 服务器监听中

启动成功后，打开浏览器，输入 http://localhost:8000/，就可以看到图 11-7 所示的结果。

图 11-7　打开浏览器

在命令行可以看到 wsgiref 打印的日志信息，如图 11-8 所示。按 Ctrl+C 可以终止服务器运行。

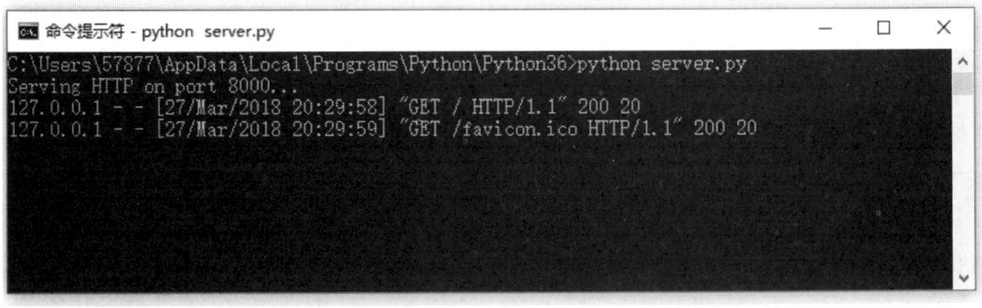

图 11-8　wsgiref 日志信息

11.4 Web 框架

一个 Web App 就是写一个 WSGI 的处理函数，针对每个 HTTP 请求进行响应。处理一个 HTTP 请求不是问题，但是如何处理 100 个不同的 URL 呢？每个 URL 可以对应 GET 和 POST 请求，当然还有 PUT、DELETE 等请求，通常情况只考虑最常见的 GET 和 POST 请求。一个最简单的方法是从 environ 变量里取出 HTTP 请求的信息，然后逐个判断，方法如下：

```
def application(environ, start_response):
    method = environ['REQUEST_METHOD']
    path = environ['PATH_INFO']
    if method=='GET' and path=='/':
        return handle_home(environ, start_response)
    if method=='POST' and path=='/signin':
        return handle_signin(environ, start_response)
    ...
```

以上代码无法维护，因为 WSGI 提供的接口虽然比 HTTP 接口高级了不少，但与 Web App 的处理逻辑比还是比较低级。考虑在 WSGI 接口之上能进一步抽象，让我们专注于用一个函数处理一个 URL，至于 URL 到函数的映射，则交给 Web 框架来做。

11.4.1 Flask 框架简介

Flask 是一个使用Python编写的轻量级 Web 应用框架。其WSGI工具箱采用 Werkzeug，模板引擎则使用 Jinja2。Flask 使用 BSD 授权。

Flask 也被称为 microframework，因为它使用简单的核心，用 extension 增加其他功能。Flask 没有默认使用的数据库、窗体验证工具。Flask 具有以下特点：

- 自带开发用服务器和 debugger。
- 集成单元测试（unit testing）。
- RESTful request dispatching。
- 使用 Jinja2 模板引擎（template engine）。
- 支持 secure cookies（client side sessions）。
- 100% WSGI 1.0 兼容。
- Unicode based。
- 详细的文件、教学支持。
- Google App Engine 兼容。
- 可用 Extensions 增加其他功能。

11.4.2 Flask 框架应用

用 Flask 编写 Web App 比 WSGI 接口简单。在 Python 安装目录下输入以下内容，可以在线安装 Flask。

```
$ pip install flask
```

【例 11-6】Flask 自动地把 URL 和函数给关联起来。实例代码如下：

```
from flask import Flask
from flask import request

app = Flask(__name__)

@app.route('/', methods=['GET', 'POST'])
def home():
    return '<h1>Home</h1>'

@app.route('/signin', methods=['GET'])
def signin_form():
    return '''<form action="/signin" method="post">
<p><input name="username"></p>
<p><input name="password" type="password"></p>
<p><button type="submit">Sign In</button></p>
</form>'''

@app.route('/signin', methods=['POST'])
def signin():
    # 需要从 request 对象读取表单内容
    if request.form['username']=='admin' and request.form['password']=='password':
        return '<h3>Hello, admin!</h3>'
    return '<h3>Bad username or password.</h3>'

if __name__ == '__main__':
    app.run()
```

以上程序同时处理 3 个 URL：
- GET /：首页，返回 Home。
- GET /signin：登录页，显示登录表单。
- POST /signin：处理登录表单，显示登录结果。

将以上程序保存在 Python 的安装目录下的 app.py 文件。在命令行中运行 python app.py，Server 将在端口 5000 上监听，如图 11-9 所示。

图 11-9 运行服务器

在浏览器中输入首页地址 http://localhost:5000/进入首页，运行结果如图 11-10 所示。

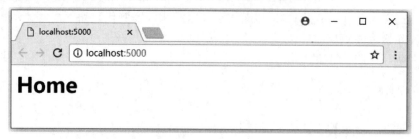

图 11-10　进入主页

在浏览器中输入 http://localhost:5000/signin，会显示登录页面，如图 11-11 所示。

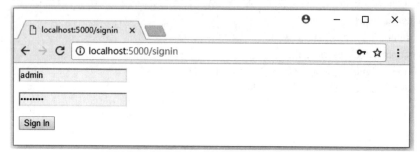

图 11-11　登录页面

在浏览器中输入预设的用户名 admin 和口令 password，登录成功，如图 11-12 所示。

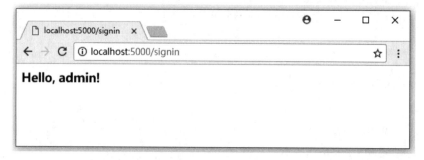

图 11-12　登录成功

在浏览器中，输入错误的用户名或口令，登录失败，如图 11-13 所示。

图 11-13　登录失败

Web App 拿到用户名和口令后，应该通过去数据库查询和比对来判断用户是否能登录成功。除了 Flask，常见的 Python Web 框架还有：
- Django：全能型 Web 框架。
- web.py：一个小巧的 Web 框架。
- Bottle：和 Flask 类似的 Web 框架。
- Tornado：Facebook 的开源异步 Web 框架。

11.5 模板

11.5.1 模板的功能

Web App 不仅仅是处理逻辑，展示给用户的页面也非常重要。在函数中返回一个包含 HTML 的字符串，简单的页面还可以，但是面对上千行的 HTML，就很难逐行编写。Web App 最复杂的部分就在 HTML 页面。HTML 不仅要正确，还要通过 CSS 美化，再加上复杂的 JavaScript 脚本就能实现各种交互和动画效果。总之，生成 HTML 页面的难度很大。由于在 Python 代码里逐行写字符串是不现实的，所以模板技术出现了。

使用模板，需要预先准备一个 HTML 文档。这个 HTML 文档不是普通的 HTML，而是嵌入了一些变量和指令，根据我们传入的数据，替换后得到最终的 HTML，最终发送给用户。

11.5.2 MVC 框架

MVC 是 Model View Controller 的缩写。它是一种软件设计典范，用一种业务逻辑、数据、界面显示分离的方法组织代码，将业务逻辑聚集到一个部件里面，在改进和个性化定制界面及用户交互的同时，不需要重新编写业务逻辑。MVC 被独特地发展起来用于映射传统的输入、处理和输出功能在一个逻辑的图形化用户界面的结构中。

视图（View）是用户看到并与之交互的界面。对老式的 Web 应用程序来说，视图就是由 HTML 元素组成的界面，在新式的 Web 应用程序中，HTML 依旧在视图中扮演着重要的角色，但一些新的技术层出不穷，它们包括 Adobe Flash 和 XHTML、XML/XSL、WML 等一些标识语言和 Web Services。

MVC 的好处是它能为应用程序处理很多不同的视图。在视图中其实没有真正的处理发生，不管这些数据是联机存储的还是一个雇员列表，作为视图来讲，它只是作为一种输出数据并允许用户操纵的方式。

模型（Model）表示企业数据和业务规则。在 MVC 的三个部件中，模型拥有最多的处理任务。例如它可以用像 EJBs 和 ColdFusion Components 这样的构件对象来处理数据库，被模型返回的数据是中立的，就是说模型与数据格式无关，这样一个模型能为多个视图提供数据，由于应用于模型的代码只需写一次就可以被多个视图重用，所以减少了代码的重复性。

控制器（Controller）接受用户的输入并调用模型和视图去完成用户的需求，所以当单击 Web 页面中的超链接和发送 HTML 表单时，控制器本身不输出任何东西和做任何处理，它只是接收请求并决定调用哪个模型构件去处理请求，然后再确定用哪个视图来显示返回的数据。

11.5.3 MVC 应用

Python 处理 URL 的函数用 C 代表 Controller，Controller 负责业务逻辑，比如检查用户名是否存在、取出用户信息等。包含变量{{ name }}的模板用 V 代表 View，View 负责显示逻辑，通过简单地替换一些变量，View 最终输出的就是用户看到的 HTML。Model 是用来传给 View 的，这样 View 在替换变量的时候，就可以从 Model 中取出相应的数据，如下所示：

{ 'name': 'Michael' }

Model 就是一个 dict。因为 Python 支持关键字参数，很多 Web 框架允许传入关键字参数，然后在框架内部组装出一个 dict 作为 Model。我们把 11.4.2 节中登录页面直接输出字符串作为 HTML 的例子，用 MVC 模式改写一下。

【例 11-7】用 MVC 模式改写框架。实例代码如下：

```
from flask import Flask, request, render_template

app = Flask(__name__)

@app.route('/', methods=['GET', 'POST'])
def home():
    return render_template('home.html')

@app.route('/signin', methods=['GET'])
def signin_form():
    return render_template('form.html')

@app.route('/signin', methods=['POST'])
def signin():
    username = request.form['username']
    password = request.form['password']
    if username=='admin' and password=='password':
        return render_template('signin-ok.html', username=username)
    return render_template('form.html', message='Bad username or password', username=username)

if __name__ == '__main__':
    app.run()
```

将以上程序保存在 Python 的安装目录下的 app.py 文件。在命令行中运行 python app.py，Server 将在端口 5000 上监听。

Flask 通过 render_template()函数来实现模板的渲染。和 Web 框架类似，Python 的模板也有很多种。Flask 默认支持的模板是 jinja2，所以需要先直接安装 jinja2。在命令行模式下进入 Python 的安装目录，输入以下命令：

$ pip install jinja2

接下来编写 jinja2 模板。

【例 11-8】home.html 模板用来显示首页。实例代码如下：

```
<html>
<head>
```

```
<title>Home</title>
</head>
<body>
<h1 style="font-style:italic">Home</h1>
</body>
</html>
```

【例 11-9】form.html 模板用来显示登录页面。实例代码如下：

```
<html>
<head>
<title>Please Sign In</title>
</head>
<body>
    {% if message %}
<p style="color:red">{{ message }}</p>
    {% endif %}
<form action="/signin" method="post">
<legend>Please sign in:</legend>
<p><input name="username" placeholder="Username" value="{{ username }}"></p>
<p><input name="password" placeholder="Password" type="password"></p>
<p><button type="submit">Sign In</button></p>
</form>
</body>
</html>
```

在 form.html 中加了一条件判断，把 form.html 重用为登录失败的模板。

【例 11-10】signin-ok.html 模板用来显示登录成功。实例代码如下：

```
<html>
<head>
<title>Welcome, {{ username }}</title>
</head>
<body>
<p>Welcome, {{ username }}!</p>
</body>
</html>
```

在 app.py 文件的同级目录中新建一个文档 templates，将 home.html、form.html 和 signin-ok.html 文件放入 templates 文档里面。打开浏览器可以看见登录页面，如图 11-14 所示。

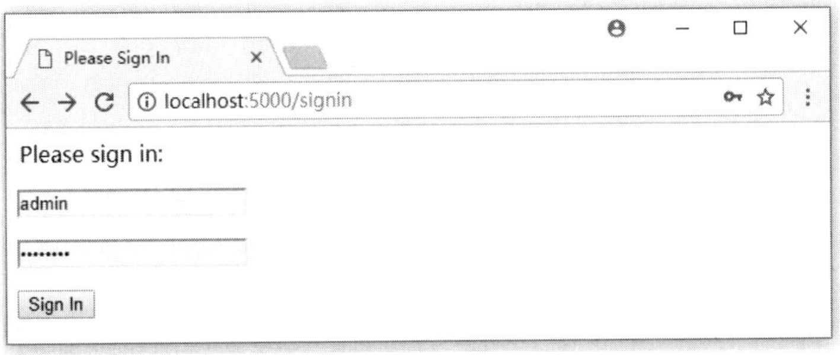

图 11-14　登录页面

习 题

一、填空题

1. 在 Web 应用中，服务器把网页传给浏览器，实际上就是把网页的_____代码发送给浏览器，让浏览器显示出来。
2. _____采用的 HTTP 协议采用了非常简单的请求－响应模式，从而大大简化了开发。
3. 一个 HTTP 包含_____和_____两部分。
4. _____是 Python 应用程序或框架和 Web 服务器之间的一种接口，已经被广泛接受，它已基本达成它的可移植性方面的目标。
5. Flask 是一个使用 Python 编写的轻量级_____应用框架。

二、选择题

1. JavaScript 已经被广泛用于（　　）应用开发，常用来为网页添加各式各样的动态功能，为用户提供更流畅美观的浏览效果。
   A．网络接口　　　　　　　　　　B．Web
   C．数据库　　　　　　　　　　　D．游戏接口
2. （　　）是一个使用 Python 编写的轻量级 Web 应用框架。
   A．HTTP　　　　　　　　　　　B．WSGI
   C．MVA　　　　　　　　　　　　D．Flask
3. Flask 具有的特点是（　　）。
   A．自带开发用服务器和 debugger　B．无需安装
   C．不依赖平台　　　　　　　　　D．功能齐全

三、简答题

1. HTTP 请求的流程是什么？
2. CSS 具有哪些特点？

四、程序设计

用 Flask 模块编写一个个人主页。

参考文献

[1] James W. Payne．Python 编程入门经典[M]．北京：清华大学出版社，2011．

[2] 埃里克·马瑟斯．Python 编程从入门到实践[M]．袁国忠，译．北京：人民邮电出版社，2016．

[3] Mark Lutz．Python 学习手册[M]．4 版．李军，刘红伟，等译．北京：机械工业出版社，2011．

[4] 张若愚．Python 科学计算[M]．北京：清华大学出版社，2012．

[5] Magnus Lie Hetland．Python 基础教程[M]．3 版．袁国忠，译．北京：人民邮电出版社，2018．

[6] Doug Hellmann，刘炽，等．Python 标准库[M]．北京：机械工业出版社，2012．